综合项目交付（IPD）合作联盟收益分配策略研究

吕淑文 著

中国建筑工业出版社

图书在版编目（CIP）数据

综合项目交付（IPD）合作联盟收益分配策略研究/
吕淑文著.—北京：中国建筑工业出版社，2023.4
ISBN 978-7-112-28540-2

Ⅰ.①综…　Ⅱ.①吕…　Ⅲ.①建筑工程—工程项目管
理—研究　Ⅳ.①TU712.1

中国国家版本馆 CIP 数据核字（2023）第 051035 号

　　本书针对 IPD 项目核心参与者业主方、设计方和施工方之间的收益分配策略问题，展开了深入的理论与应用研究。全书共分 7 章，主要内容包括：绪论；基础理论与研究方法分析；IPD 项目收益分配影响因素挖掘；IPD 项目单个因素收益分配策略；IPD 项目综合因素收益分配策略；案例研究；结论与展望。

　　本书以高等院校工程管理、土木工程类及相关专业的研究人员和专家学者为主要读者对象，也可供土木工程类及相关专业的理论工作者、管理人员、法律等专业的理论和实践工作者学习参考。

责任编辑：辛海丽
责任校对：党　蕾

综合项目交付（IPD）合作联盟收益分配策略研究

吕淑文　著

*

中国建筑工业出版社出版、发行（北京海淀三里河路 9 号）
各地新华书店、建筑书店经销
北京龙达新润科技有限公司制版
北京建筑工业印刷厂印刷

*

开本：787 毫米×1092 毫米　1/16　印张：11¼　字数：276 千字
2023 年 4 月第一版　　2023 年 4 月第一次印刷
定价：**50.00** 元
ISBN 978-7-112-28540-2
（40820）

前　言

随着工程建设项目日益复杂，规模越来越大，传统项目交付方式呈现许多弊端。在传统的交付模式中，项目参与方往往以各自利益为导向，团结与协作难以实现、资源与信息难以共享，在承担责任与分享利益、分担风险与收益分配等方面存在着较为严重的矛盾与分歧。项目建造过程中存在很多设计变更、成本超支、工期拖延、协调滞缓、建设效率低等问题，阻碍了建设项目总体目标的实现。

IPD（Integrated Project Delivery）模式，能够承受 AEC（Architecture，Engineering and Construction）行业快速发展对传统交付方式带来的压力，完成项目功能/价值交付，被认为是一种有效的项目交付新方法。收益分配问题是 IPD 项目各个参与方密切关注的问题，会受到众多因素的影响，并直接影响着各方的满意度、积极性和联盟及 IPD 项目成功与否。因此，本书针对 IPD 项目核心参与者业主方、设计方和施工方之间的收益分配策略问题，就以下几点展开深入的理论与应用研究。

1）构建 IPD 项目收益分配的理论框架

在对 IPD 项目收益分配的模式、来源、原则、主体等核心概念界定的基础上，基于数据库知识发现技术，通过 CiteSpace 软件和扎根理论对 IPD 项目收益分配的主要影响因素文本进行挖掘，找出贡献度、资源性投入、努力水平、风险分担这四个主要影响因素，建立 IPD 项目收益分配的理论框架。

2）分析 IPD 项目单因素收益分配策略

本书逐个建立考虑贡献值、资源性投入、努力水平、风险分担等收益分配策略，完善 IPD 模式收益分配的理论研究，为 IPD 模式的推广与应用提供参考。

在构建贡献因素收益分配策略时，本书建立最大熵值法模型，并采用外点惩罚函数法求解。由于该方法不需要联盟中各方处于平等的地位，适用范围更广。

在构建资源性投入因素收益分配策略时，采用参与度来度量 IPD 项目中不确定性的资源投入量，利用模糊测度的 Choquet 积分定义 IPD 项目中模糊合作对策的支付函数。研究发现，参与者的参与度越高，各自的收益就越多；施工方和设计方组成的小联盟参与度越低，三个核心参与者的整体收益分配值就越低，并呈单调递减的状态。该方法有望用于解决联盟中资源性投入量难以定量化问题，并为衡量资源性投入对收益分配影响提供一种行之有效的定量分析方法，实现对不确定资源性投入下收益进行快速、有效、更加符合实际情况的分配。

在构建努力水平因素的收益分配策略时，基于委托—代理理论的 Holmstrom-Milgrom 模型，分析努力因素对契约选择的影响，研究契约中收益分配系数以及最优努力水平的确定问题。研究发现，努力水平是贡献系数、努力成本系数、风险规避系数和外生不确定性因素方差共同作用的函数。该模型能平衡联盟内成员的收益分配，充分调动成员企业的积极性，实现联盟组织的高效运作。验证了努力水平对 IPD 项目收益分配的重要影响，激励各参与方积极付出努力去实现项目整体利益的最大化目标。

在构建风险分担的收益分配策略时，首先构建了 IPD 项目风险集，再用改进结构熵权法识别关键共担风险，该方法进行熵值计算和数据"盲度"分析，消除了"噪声"。接着利用 FAHP-TFNs-TOPSIS 法计算出指标贴近度后，引入模糊贴近度的多目标分类方法，确定各参与方的风险分担系数。该方法既发挥 TOPSIS 法的计算简便、原理直观的优点，又通过引入模糊集来解决决策者判断的主观性问题。

3）建立了 IPD 项目综合因素下收益分配策略

本书运用多目标多人合作对策理论，引入谈判力，构建不对称 Nash 谈判模型分析 IPD 项目综合因素收益分配。并用 PCA-LINMAP 耦合赋权法对各参与方的谈判力进行赋权。该方法结合两个子模型的优点，从而避免了决策者主观赋权的不准确，有效地减少人为主观因素的干扰，更为准确地揭示各个指标的精确性和可靠性。这也是建筑项目中谈判力赋权的一种研究尝试。同时，该谈判模型能全面考虑各个因素和各个响应主体之间交互作用的影响，强调了 IPD 项目参与者的整体性和共生性，完善了 IPD 项目收益分配影响问题的研究。

4）对五种 IPD 项目收益分配策略进行应用分析

本书选取 SSM St. Clare Health Center 作为案例进行应用分析。基于本书构建的 IPD 项目收益分配策略，计算五种策略下各参与主体的收益分配值。研究发现，不对称 Nash 谈判模型法系统全面地考虑了影响 IPD 项目收益分配的贡献、资源性投入、努力水平和风险分担等影响，规避了传统收益分配的平均化的问题，能大幅提高 IPD 联盟中各参与者投入产出的有效性、正确进行风险划分，实现分配结果客观、公平。

缩 略 词

AEC	Architecture,Engineering and Construction,建筑、工程和施工
AGC	Associated General Contractors of America,美国总承包商联会
AIA	American Institute of Architects,美国建筑师协会
AMA	American Management Association,美国管理协会
BIM	Building Information Modeling,建筑信息模型
CMAA	Construction Management Association of America,美国建筑管理协会
DB	Design-Build,设计—建造
DBB	Design-Bid-Build,设计—招标—建造
FAHP	Fuzzy Analytic Hierarchy Process,模糊层次分析法
FCE	Fuzzy Comprehensive Evaluation,模糊综合评价法
GMP	Guaranteed Maximum Price,保证最大价格
ICL	Incentive Compensation Layer,激励补偿层
IFOA	Integrated Form of Agreement,IFOA 协议
IPD	Integrated Project Delivery,综合项目交付
JIT	Just In Time,准时生产方式
KDD	Knowledge Discovery in Database,数据库知识发现技术
LINMAP	Linear Programming Techniques for Multidimensional Analysis of Preference,多维偏好分析的线性规划方法
LPS	Last Planner System,最后计划者系统
PCA	Principal Component Analysis,主成分分析法
PMT	Project Management Team,项目管理团队
SPE	Single Purpose Entities,单一目的实体
TFNs	Triangular Fuzzy Numbers,三角模糊数
TOPSIS	Technique for Order Preference by Similarity to Ideal Solution,逼近于理想解的排序方法
TVD	Target Value Design,目标价值设计

目 录

第5章 IPD 项目综合因素收益分配策略   98

第6章 案例研究   108

第1章

绪　论

1.1　研究背景

在经济全球化的大背景下，随着工程建造技术和信息与通信技术（Information and Communications Technology，ICT）的不断创新和发展，建筑业已经由高能耗、低效率向着高效、信息化、协作性强的方向大踏步迈进，多种技术如精益建造、建筑信息模型（Building Information Modeling，BIM）、数字孪生、管理信息系统、物联网、区块链等的发展和广泛使用更是加快了这一进程。建筑业向着建筑工业4.0方向发展，建筑产业链分工将被重组，上下游环节将实现全产业链的整合，对传统的项目交付方式提出了严峻的挑战。与此同时，国际范围内，大型及超大型项目层出不穷，对高度协作的设计、施工、咨询一体化提出更高的要求。

建筑业传统项目交付方式由于其模式固有的缺陷，使得工程项目各参与方长期处于"各自为营，独立运作"的状态，各个参与者处于碎片化状态，集成化程度较低，影响决策顺利制定和工程顺利进行，合作伙伴关系无法得到有效的延续。与此同时，因缺少沟通或彼此信息流动不畅而导致的不信任，使得各参与方在项目进行中只顾追求自身的利益最大化，给整个项目的顺利推进造成阻碍。Ernst和Young（2014）[1] 通过调查365个工业项目发现，大约有64％的工业项目面临造价超支，73％的项目拖期，其中65％的项目失败是由于软性方面（Softer Aspects），比如人、组织和治理方式。对于大型项目，大量的工作过程、众多的不确定存在、项目的复杂性和项目各参与方相互作用等都会影响项目的成功实施。

综合项目交付（Integrated Project Delivery，IPD）作为最新的项目交付系统，被视为阻碍项目成功执行的许多挑战的潜在解决方案。它改变了项目关键利益相关者的传统角色和关系。通过加强早期合作，IPD试图消除浪费，并向业主交付价值最高的项目。IPD模式能够提高项目利益相关体之间的集成程度，能让项目各种资源的使用达到最优化。IPD项目的参与者（即业主方、设计方和承包方等）能对IPD项目提供价值的效率进行评价，进行成本管理，具有卓越的结果和灵活性（AIA，2007）[2]。关于IPD模式与传统交付模式下工程项目的绩效比较，Asmar等（2013）[3] 发现IPD项目在质量、进度、项目变更、利益相关者之间的沟通、环境、项目绩效六大方面有显著改善。Kent 和 Becerik-Gerber 等（2010）[4] 调研发现，实施 IPD 模式的项目，58.6％的项目信息需求量（Request For Information，RFI）减少，70.3％的项目有成本减少，69.4％项目有工期缩短，施工管理减少 36％，工伤发生率降低 21.6％，还可以降低工程风险，提高建筑工程生产效率和质量。

IPD 模式能大幅提高项目团队的协作程度和工作效率，而在 IPD 模式下如何建立公平合理的收益分配方式，成为每一个项目团队最为关心的核心问题。收益分配是合作与争论的焦点，也是影响 IPD 项目能否顺利实施的关键点。只有建立合适的收益分配方式，才能满足各个参与方的利益诉求，所有参与者都能从这个集成模式中受益，最大程度激发各个参与方的工作积极性，提高整体的工作效率，创造更大的联盟收益，合作过程整体理性，实现 1+1＞2 的目标，创造共赢的局面，保持项目的稳定性。

项目管理团队需要探寻如何通过建立适合 IPD 模式特点的收益分配机制，平衡项目团队各参与方的风险分担、努力水平和投入等因素进行收益分配，不断更新管理理念，进而实现提高协作程度、减少项目浪费、降低项目成本、成功向业主交付功能/价值，共同完成项目并实现使项目增值的协作目标。

1.2　研究目的和意义

1.2.1　研究目的

IPD 模式下的建设项目联盟成员间共担着风险，在合作实现共赢之后，会进行收益分配。收益分配会产生双重效应。合理的收益分配可以激发参与者的劳动积极性，保障项目的正常运行，为项目带来更多的增值。IPD 联盟中各参与方的利益冲突和分配机制的不合理，会影响建设项目的顺利开展，达不到业主的需求项目难以存续，会导致联盟的失败，甚至建设项目的失败。由此可见，在现行的行业背景下对 IPD 模式下团队收益分配进行深入研究就显得很有必要。本书在充分体现 IPD 模式特点的基础上，系统、全面、创新性地运用多学科领域的知识，研究 IPD 项目的收益分配问题。

1.2.2　研究意义

建筑业是全球范围最大的行业之一，未来仍然是世界经济增长的关键驱动力。建筑业在我国国民经济中的地位举足轻重。根据国家统计局数据显示，2020 年我国建筑业总产值为 7.2445 万亿元，占全国国内生产总值的 7.1％[5]。伴随经济全球化和科学技术的飞速发展，建设项目复杂化、专业化日益凸显，为了适应行业的发展，工程项目管理交付模式也不断发展创新。IPD 作为一种新型的交付方式，现行研究主要集中在 IPD 项目的风险分担，IPD 组织间的信任等。对于 IPD 模式下收益分配问题还处于研究的初级阶段，而这个问题却是 IPD 模式是否能实施成功的关键因素。

目前，IPD 在国外如火如荼地应用，BIM、物联网、区块链等信息技术的快速发展为 IPD 的实施提供了良好的技术条件和平台。有研究表明，项目的规模越大，越适合使用 IPD 模式，越可以为项目带来更大的益处。而我国目前对该交付模式还基本停留在理论研究阶段，所以，要加快进程，加速 IPD 在我国的落地实施。本书的研究具有理论和实践的双重意义。

1. 理论意义

本书的研究将深入揭示 IPD 项目收益分配影响因素和形成机理，探寻收益分配机制，以博弈论为分析范式，应用数据库知识发现技术（Knowledge Discovery in Database，KDD）等对 IPD 模式下工程项目的收益分配影响因素进行分析，进而用项目管理理论、信息经济学、风险管理理论分析 IPD 项目收益分配策略。希望能找到一个更为科学、合理的收益分配策略，为 IPD 项目的顺利实施、业主目标的实现提供理论依据，丰富和完善 IPD 项目收益分配的理论基础。为 IPD 模式在 AEC（Arohitecture Engineering and Construction）行业中进一步的实际应用与推广提供一定的理论支撑，促进 AEC 行业高效、公平、健康的发展。更为重要的是，深入研究 IPD 模式的收益分配机制，能够为 IPD 模式在我国的推广与应用提供理论基础。因此，本书是对项目管理理论和收益分配理论等相关理论的创新。

2. 实践意义

1）为建设项目参与方合作的具体实施提供技术支撑和参考依据

本书对 IPD 影响收益分配的因素进行分析，这将对业主、设计方和承包商所承担的风险、贡献度、投入和努力水平提供量化的分析方法，对收益分配比例的确定提供理论依据，对收益分配的过程给出具体切实可行的操作方法，提高项目的稳定性，也将对 IPD 合同选择类型的决策、建设项目收益分配决策、合作伙伴的选择等方面提供科学的参考依据。

2）为 IPD 项目在我国顺利推广提供相应的实践参考

我国囿于建筑业法律法规的限制，IPD 模式发展较慢，只有少数的 IPD-ish 项目出现。随着建筑业集成化、智能化、国际化，IPD 在我国的推广与运用已经指日可待。国内研究 IPD 项目的学者也越来越多，对 IPD 项目的实践亟需建立相应的制度与理论支撑。

本书对 IPD 项目收益分配的研究，为 IPD 项目实施提供切实可行的指导，进一步地促进 IPD 模式在我国建筑市场的推广与应用。改变传统项目交付方式的弊端，提高生产率、提高资金使用效率、加强建筑业供给侧改革，促进建筑产业转型升级、增加国际市场竞争力，顺应我国建筑业走向世界的趋势。

1.3 国内外研究现状

IPD 模式的思想源自日本丰田公司的拉动式准时化生产管理思想——TPS（TOYO-TA Production System），而 IPD 这个词最早由美国提出。20 世纪 90 年代，英国石油公司的"北海石油钻井平台项目"中较成功的项目联盟模式，可作为 IPD 模式的雏形，该模式接着又在澳大利亚的"The Wandoo Project"石油项目和"The East Spar Project"天然气项目中使用，并在澳大利亚和美国一些大型公共项目和医疗项目建设中成功应用，自此 IPD 模式逐渐被 AEC 行业认识并接受。IPD 起源于利用精益思想和关系形式的契约，构建团队的一系列行为。它要求所有关键参与者签署基于关系合同的单一协议合同。这种项目交付方式在目前英国、美国、澳大利亚和新西兰等国家应用了近 20 年，广泛用于一些大型的项目。但是，我国 IPD 的应用还处于起步阶段。

IPD 是一个建造流程和合作方式达到高度理想化的状态，主要的特征是参与到项目的各方合作高度协同化，利益共享，责任共担。IPD 模式在美国、澳大利亚、加拿大等国和欧洲这些建筑产业信息化较为发达的国家，已经广泛应用于建筑行业，建成了较为成熟的行业规范。然而，目前国内 IPD 模式在实际工程的应用还较少，对 IPD 模式的研究也囿于几个方面，对 IPD 项目合作联盟的收益分配的研究未形成热点。IPD 模式被认为可以较好地解决传统交付方式面对日益复杂项目带来的挑战。

从现有文献看，国内外学者对 IPD 及相关领域的收益分配的影响因素和收益分配策略进行了大量的理论和实证研究，并取得了较为丰硕的研究成果。

1.3.1　IPD 项目收益分配影响因素确定的研究现状

近些年来，联盟的收益分配问题引起了国内外学者的关注，很多学者对物流联盟、虚拟企业等的收益分配问题进行了研究。而收益分配影响因素是进行收益分配策略研究的基础。有一些文献，在考虑收益分配时，考虑了不止一个因素，并通过一些模型将这些因素进行整合。牛余琴和张凤林（2013）[6] 考虑了贡献、投资和风险三个因素，采用 Shapley 法、公平法、模糊层次分析法分别计算相关收益者的收益分配值。王选飞（2017）[7] 用改进的柯布—道格拉斯生产函数测度资本投入、劳动力投入、风险分担的贡献率，建立移动支付各参与主体的收益分配。王现兵（2017）[8] 对中小物流企业联盟盟员的边际贡献、投入成本、风险承担和努力水平进行评估。冯燕飞（2018）[9] 将资源性投入和风险这两个因子运用最小目标值法整合成一个因子来计算 IPD 项目的收益分配。王若曦（2018）[10] 结合努力系数、重要性系数、风险系数等建立了改进的 Shapley 法的利益分配模型。张洪波（2019）[11] 从贡献、投入和风险这三个因素出发构建相应的收益分配方法，并建立了三者结合的基于满意度 EPC 项目的收益分配模型。王茹和袁正惠（2019）[12] 在分析 IPD 项目收益分配时，主要考虑努力水平贡献系数、风险分担这两个因素。孙鹏和张冰玉（2019）[13] 基于企业综合实力、投资额以及风险承担量三个利益分配因素，构建了中小物流企业联盟利益分配的 Shapley 改进模型。麻秀范等（2020）[14] 基于联盟收益的不确定性和成员对收益的不同预期两大因素，建立了动态联盟利润分配模型。刘丹（2021）[15] 将贡献度、资源投入及风险分担视为 IPD 项目利益分配的关键因素。

通过文献梳理可以看出，学术界关于影响联盟收益分配因素的观点各不相同。大多数学者认为，投入、风险和贡献为收益分配的关键影响因素，也有一些学者把合同执行度[16]、突发事件贡献度[17,18]、满意度[19] 作为影响因素。同时，对同一关键影响因素有着不同的表述和内涵。

本书用 KDD 技术，运用 CiteSpace 软件进行关键词分析，并采用扎根理论对 IPD 项目收益分配的影响因素进行文本挖掘，并对提炼出的影响因素进行概念性的界定。

1.3.2　IPD 项目单个因素的收益分配策略研究现状

近年来，学者们对于 IPD 收益分配的方法研究比较少。但是，这是 IPD 模式能否顺利开展，使项目效益最大化，为业主创造更大的价值，并减少浪费的关键问题。同时，在相关领域，如供应链管理、企业合作联盟、动态联盟等方面，收益分配的研究成果较丰硕。这些问题的研究思路和研究方法基本是相同的。科学、公平的收益分配方案是动态联盟正常运作和高效发展的前提，是各盟员实现资源互补、共同获得收益的重要保证（Meade 和 Lilesa，1997）[20]。

1. IPD 项目贡献因素的收益分配策略研究现状

考虑贡献因素的收益分配最常用的一种方法，是利用 Shapley 值考虑各方贡献度的大小，按照参与者对项目的贡献与自身获得的收益正相关关系，使得各方愿意去付出成本和努力来提高整个项目的收益。

Petrosjan 和 Zaccour（2003）[21] 提出了基于 Shapley 值的风险因子修正算法，研究联盟中参与企业利益分配问题。蒋玉飞（2009）[22]、胡丽（2011）[23]、吕萍（2012）[24]、Tan 等（2013）[25] 应用 Shapley 值法进行了收益分配中贡献的计算。刘国荣（2015）[26] 建立了用多权重 Shapley 值法来分析电子商务企业和快递企业动态联盟的收益分配。但是，Shapley 值法认为各参与方完全处于平等状态。同时，对于复杂项目常常不能满足 Shapley 值特征值的要求。

1948 年，香农将物理学的"熵"引入信息论中，并用"熵"的概念来研究信息的不确定性程度[27]。最大熵值法（Max Ent）又叫信息极大（Infomax）法，是用信息学中的熵理论选择符合约束条件的所有分布中熵最大的那个分布。该分布包含了主要的信息，对给定信息带有最少偏见的估计方法。

最大熵（Max Ent）模型被广泛应用于合作对策中，倪中新（1998）[28] 提出了最大熵可用于合作对策，吴黎明和项海燕（2003）[29] 用信息熵分析 n 人合作博弈效益分配。此外，最大熵还被用于物种分布[30]、决策[31]、图像分割[32]、气象模拟与预测[33] 等研究领域，也证实了最大熵原理在处理实际问题时的有效性和合理性。

因此，本书用最大熵值法来研究贡献因素下 IPD 项目收益分配策略。

2. IPD 项目资源性投入的收益分配策略问题研究现状

根据委托—代理理论，从投入的角度研究 IPD 项目收益分配策略，按照收益分配"投入—收益一致"的基本法则，各方按照投入资源多少获取收益。这也是资源所有者或占有者的基本权利。

对于投入因素的收益分配策略，牛余琴和张凤林（2013）[6]、李明柱和陈亚南（2019）[34]、刘强和程子珍（2020）[35] 等学者直接将项目初期参与者的资金投入量（或投资额）等同于投入，采用了简单的线性均摊法。王德东（2016）[36] 将投入定义为利益相关者在参建过程中为项目成功投入的所有资源，并用类似工程经验或专家打分法计算利益相关者在项目中投入资源的权重。冯燕飞（2018）[9] 用 Shapley 值法确定 IPD 项目中各参与方的投入资源的权重。张洪波（2019）[11] 将投入视为联合体各方的知识投入成本，建立了知识成本与优化收益分配的正相关函数。

由于 IPD 模式中各个参与者创新水平、行为特征、激励机制、同时开展不同的项目等因素的差异，参与者只以一定的参与程度参与到合作联盟中，所以各个核心企业以一定的参与程度进行合作，他们组成了一个模糊联盟。

自模糊集理论首次成功地应用于控制系统后，已被广泛应用到经济、管理等其他领域。在这些应用中，模糊数大多是用来描述数据的模糊性和不精确性，可以看作是实数的一种扩展。由于诸多不确定因素，比如各个参与方的努力程度、参与水平、监督机制、奖惩机制等无法用精确数值来量化合作过程中参与者付出成本及应得收益。这些不确定性问题可以用模糊数学较好地解决。

合作博弈提供了一种严格的数学方法来评估和预测利益相关者的相互作用，常被用于进行收益分配的研究。合作博弈理论主要分为清晰合作博弈与模糊联盟合作博弈。清晰合作博弈中是联盟中的局中人均需完全参与合作。但由于信息的不准确性[37]、环境与条件的不确定性[37,38]、局中人目标的多样性和不确定[37,39]、局中人主观期望与风险态度等[37,40,41]、局中人参与联盟的程度会有所不同[42,43]，各局中人形成了模糊联盟。

Aubin（1981）[43] 提出了模糊联盟的概念，指出局中人以不同的参与率（为 $[0,1]$ 间的实数）参与到多个联盟中。Tsurumi 等（2001）[44] 定义了 Choquet 积分形式的模糊博弈，并提出了可适用于任何模糊联盟合作博弈的 Shapley 公理。

在已有的文献中，Jia 和 Yokoyama（2003）[45] 对能源制造商联盟的利益分配问题，用合作博弈中的核心解和核仁解。Branconi 等（2004）[46] 用合作博弈来建立收益分配激励机制。Alparslan 等（2009）[47] 基于经典的二人合作博弈理论，提出了区间二人合作博弈的求解概念和方法。Ye 和 Li（2019）[48] 提出了一种根据规定的类联盟单调性条件计算合作博弈三角模糊数（Triangular Fuzzy Numbers，TFNs）的比例剩余收益分配的方法。Abraham 和 Punniyamoorthy（2021）[49] 使用三种方法即模糊数，α 截集和期望区间法让模糊数蜕化成精确数。

冯蔚东和陈剑（2002）[50] 考虑合作伙伴的投资及其所承担的风险，提出一种基于模糊综合评判法计算虚拟企业收益分配比例的方法。陈雯（2007）[51] 建立了基于 TFNs 的模糊支付合作博弈对联盟企业收益分配。彭晓和郑云（2014）[52] 提出用 TFNs-最大熵值法对精益建筑供应链利益分配。苏东风和杨杰（2018）[53] 等引入 λ 截集置信水平，提出一种具有区间型特征的支付模糊图合作博弈的模糊 A-T 解（Average Tree Solution）分配模型。苏世彬（2020）[54] 提出了一种基于创业团队满意度的 TFNs 解决参与者利润分配合作对策的方法。

从以上文献分析可以看到，一方面，文献对投入含义的界定范围各有表述。另一方面，对投入的量化方法，主要有两大类：一种是线性计算，按照投入—收益的原则直接线性计算；另一种是按照模糊支付的思想进行分析。

本书引入参与度来衡量各参与方的资源性投入量，采用模糊合作博弈的方法建立模糊联盟的支付函数，分析 IPD 项目资源性投入的收益分配策略。

3. IPD 项目努力水平的收益分配策略问题研究现状

关于努力水平下分配策略的问题，国内外许多学者进行了研究。大量研究成果集中在企业联盟、供应链、虚拟企业、PPP 领域的努力水平的分配策略问题。研究成果主要分为两类：一类从委托—代理关系角度，考虑努力给收益共享合同带来影响；另一类从公平关切角度，考虑努力在供应链协调契约中的作用。

1）基于委托—代理关系的收益共享合同

在国外，学者 Cachon 和 Lariviere（2005）[55] 证明了收益共享可与单个零售商协调供应链（即零售商选择最佳价格和数量），并任意分配供应链的利润。Omkar（2013）[56] 建立了基于收益共享合同的收益博弈论模型，认为供应链收益在参与者之间的实际分配比例取决于所产生的收益量。Cao 等（2016）[57] 针对开放的碳排放交易市场，基于收益共享合同并将实际情况与 Stackelberg 博弈方法相结合，确定依赖排放的制造商和一个零售商组成的两级供应链收益分享比率的最佳范围。Hendalianpour 等（2020）[58] 根据灰色优化和协调分析方法比较了供应链中基于批发价格契约、收益分享契约和数量折扣契约的双寡头供应链模型，研究结果表明，收益共享契约的绩效较高。

国内学者陈菊红（2002）[59]、王安宇（2003）[60] 等确定了基于博弈论和企业收益共享理论的最优努力水平和收益共享分配比例。叶飞等（2004）[61] 分析了引入技术努力因素后，在不确定需求时供应商的最优转移价格。卢纪华（2003）[62]、胡本勇（2010）[63] 等通过委托—代理理论设计了收益共享契约。廖成林等（2005）[64] 用博弈论构建了虚拟企业的一次收益分配模型，并计算出了各成员一次收益分配系数以及在 Nash 均衡下各成员的努力水平。何勇（2006）[65] 在需求与努力水平具有相关性的条件下，加入回馈与惩罚策略，建立了利益共享契约模型。管百海和胡培（2008）[66] 分析了设计单位和施工单位各自可采取的决定项目优化设计的最优努力程度。刘雷（2009）[67] 提出盟主企业引入激励机制，可以提高合作伙伴的努力水平，以保证项目联盟的稳定运行和项目各种目标的实现。张云等（2011）[68] 建立了基于收益共享理论和 Stackelberg 博弈的总承包商和分包商利润分配模型，以及为获得额外激励奖金二者所愿意付出的最大努力水平及最优分配比例。

2）从公平关切角度，考虑努力在供应链协调契约中的作用

国外学者 Lin（2019）[69] 认为供应商努力水平和公平关怀行为是影响供应链绩效的重要因素。Jian 等（2020）[70] 研究竞争供应链与收益共享契约和公平关切，并发现制造商对公平的关注可以实现供应的增加链利润。Shu 等（2020）[71] 从收集者的角度出发，将分配公平和同伴诱导公平问题引入闭环供应链中。Jiang 和 Zhou（2021）[72] 建立了分配比例、公平关切系数和努力水平的供应链效用模型。

国内学者颜磊（2019）[73] 将公平关切理论引入利益分配模型中，通过分析业主方的最佳努力程度与设计公平关切系数之间的关系，建立了业主和设计方的最优利益分配模型。张洪波（2019）[11] 比较了引入风险偏好和公平关切理论后最优努力水平与最优收益分配比例的变化。

还有其他的一些方法研究努力水平对收益分配的影响。徐勇戈和王若曦（2018）[10] 列举出十六项工程建设中的努力行为，依此建立基于 FAHP 计算努力系数。吴秋霖（2018）[16] 用专家打分法确定 PPP 项目中各方的努力因子。范如国和杨洲（2018）[74] 构建了一个 Stackelberg 博弈模型，通过数值模拟深入探讨了 PPP 项目中地位不对等及各参数水平下的努力水平和最优效用。

整体来看，国内外学者对工程项目或者虚拟企业努力水平的研究，主要从利益共享契约角度和从公平关切的角度分析。同时，IPD 项目努力水平的研究文献略少。

4. IPD 项目风险分担的收益分配策略问题研究现状

风险管理研究起源于德国，起初是在"一战"后，德国为了解决国内严重的通货膨胀和经济衰退问题，提出了包括风险管理在内的一系列企业管理对策。在调查报告《成本控制的新时期——风险管理》中，Gallagher（1956）开创性正式地提出了"风险管理"概念。由此，很多学者开始系统研究风险管理。

风险分担是风险控制的一种必要途径，主要是指在项目实施过程中从项目各参与方的角度系统、全面地研究风险控制的主导方和项目实施合作方在风险管理中的主观能动性以及相互之间的不同风险分配方案。

国外学者对于 IPD 项目风险控制研究包括多个方面。Anderson（2009）[75] 认为，风险管理作为项目管理的一部分，对风险评估和风险排序是非常困难的一项活动，也是一个关键的过程。Burin 等（2010）[76] 对一系列 IPD 项目案例进行了研究，通过建立"激励补偿"机制对项目各方实行公平合理的风险分担与利益补偿。Love 等（2011）[77] 对基础设施项目联盟模式下的风险/收益补偿机制进行了研究。Tohidi（2011）[78] 把风险管理定义为风险识别和评估的过程，并提出了风险降低到一个可接受水平的方法，将风险分担的风险损失量划分为四个区间，计算了不同区间应该采取的措施和希望挽回的风险损失比例。Fish 和 Keen（2012）[79] 指出 BIM 技术的应用可以帮助实现 IPD 项目的风险分担和利益共享，还可以为 IPD 模式的发展提供技术保障。CII（Construction Industry Institute，2013）[80] 出版了适用于全球的工程项目进行风险评估的方法，可以作为有效风险管理的基石。Zhang 等（2014）[81] 提出了一个风险/收益补偿模型提高 IPD 项目绩效，并用了 Nash 谈判模型使得项目达到最佳分配状态。Valipour 和 Yahaya 等（2017）[82] 引入了风险评估新准则，运用混合 SWARA-COPRAS 法识别深基坑开挖工程的主要风险。Nezamoddini（2020）[83] 设计了一种遗传算法和人工网络的集成模型，提出了一个基于风险优化框架来处理供应链的战略、战术和运行决策。Monirabbasi 等（2021）[84] 分析了项目风险维度和风险评价指标。

综上所述，国外学者们对风险控制相关理论、IPD 风险识别、风险分担、风险激励补偿机制等方面进行了研究。

在国内，有些学者对风险分担做了研究。张水波和何伯森（2003）[85] 用三个风险变量因素建立了项目风险分担模型。林媛和李南（2011）[86] 用模糊控制系统模拟人脑决策系统，构建多维模糊控制器进行 PPP 风险分担决策。张秋菊（2011）[87] 在分析风险分担原则的基础上，建立了基于熵值法—TOPSIS 法的风险分担模型确定风险的最佳承担方。王舒（2012）[88] 在初始矩阵规范化中引入目标差值率法，构建了改进密切值法的风险分担模型，实现 PPP 项目五个合作方的风险合理分担。郭生南（2014）[89] 采用委托—代理模型来分析 IPD 模式下工程项目的业主和承包商之间的风险分担问题。吕鹏（2014）[90] 分别计算 IPD 项目各参与方风险分担能力和风险因素组合权重，用模糊综合评价法计算 IPD 模式风险分担比例。程镜霓（2015）[91] 对 IPD 项目识别出了 36 个风险因素，运用层次分析法和熵权法分配风险权重，构建了基于随机合作博弈理论各参与方风险转移的最优化模型。支建东等（2015）[92] 建立了 IPD 项目多边谈判机制模型，对风险分担和收益分配进行研究。王德东等（2016）[36]、冯燕飞（2018）[9] 分析 IPD 模式中利益相关者利益分配应遵循的原则和来源，并应用专家打分和模糊综合评判方法对各参与方在建设项目全生命周期的各个阶段所投入的资源和承担的风险进行定量分析。

牛建刚等（2017）[93] 建立了 IPD 项目的 TFNs-FAHP 风险分担模型，用专家调查法和粗糙集理论初步剔除 IPD 项目风险，再用 ISM 划分风险因素层次，并制定风险分担方案。赵辉等（2018）[94] 对 IPD 项目结合情景分析法与 WBS 法，识别出 25 个造价风险，运用结构熵权法进行风险权重计算，再采用 D-S 证据理论进行造价风险值计算。王首绪等（2018）[95] 通过对 IPD 模式风险因素的研究，构建基于 FAHP—熵权法的风险评价模型。陈侃和宋雅璇（2019）[96] 总结出 IPD 模式下大型工程项目风险因素集，运用 OWA 算子和灰色关联度建立风险分担模型，构建风险评价指标体系，为制定合理的风险分担比例提供参考。荀晓霖和袁永博（2020）[97] 用直觉模糊集合和 IFQFD 相结合，建立了交互影响的海底隧道施工风险因素排序方法。

通过对文献的梳理发现，对 IPD 项目风险分担的研究成果颇丰。学者们一般都是先识别风险因素，然后对风险因素进行分析，再通过建立模型确定风险分担比例。

1.3.3　IPD 项目综合因素的收益分配策略研究现状

作为一个协同、动态的合作联盟，收益分配问题是 IPD 项目能否取得成功的重要因素之一。而收益分配会受到许多因素的影响，因此选择合适的收益分配方法，为项目创造最大的价值，成功实现项目的功能/价值交付，满足业主对项目的期待都是非常重要的。通过对收益分配方法的梳理，有一些文献在考虑收益分配时，考虑了不止一个因素，再通过模型将所有因素进行整合。目前，常用收益分配综合因素分析方法介绍如下。

1）修正 Shapley 值法

陈伟等（2012）[98] 提出了基于 AHP-GEM-Shapley 的收益分配法，实现兼顾多因素的联盟利益分配策略。Tan（2013）[25] 对 Partnering 模式供应链利润分配，提出了简化层次分析法改进 Shapley 方法。Teng（2017）[99] 运用合作博弈方法分析了 IPD 项目中的收益分配问题。他们认为 IPD 联盟是一个清晰联盟，通过四个利益相关者的风险分担修正 Shapley 值来分配利润。李文华（2017）[100]、魏帅（2019）[101] 基于合作博弈理论 Shapley 值法，采用熵权法和理想点原理，用修正 Shapley 值构建了收益模型。李明柱和陈亚南（2019）[34] 建立了基于三个影响因子的修正 Shapley 值法的 BIM＋IPD 模式下的收益分配模型。Eissa 等（2021）[102] 利用修正 Shapley 值法设计了一个概念框架，分析主要参与方的收益分配。

2）满意度法

Borkotokey 和 Neog（2013）[103] 等提出了合作博弈过程中，基于满意度的利益分配博弈模型。叶飞和孙东川（2001）[104]、吴朗（2009）[105]、刘淑婷（2014）[106]、张洪波（2019）[11] 均采用基于满意度的综合集成法对虚拟企业进行收益分配。这些文献均是先建立各个参与方的满意度，并通过问卷调查法确定各方对项目的重要程度系数，从而通过加权评价法建立整体满意度。

3）仿生优化群算法

王茹和王柳舒（2017）[107] 论述 IPD 项目运用 SNA 法、熵值法和随机合作博弈理论分别建立激励池静态分配模型，并用改进的布谷鸟搜索算法对激励池静态分配模型进行求解。李壮阔和张亮（2018）[108] 建立了合作博弈的粒子群算法求解收益分配。王茹和袁正惠（2019）[109] 在考虑三个影响因素的基础上，建立多目标收益分配模型，并运用多目标优化理论与粒子群算法求得项目净收益和整体满意度的最优解集。

4）Nash 谈判模型

收益分配问题还可以运用 Nash 谈判模型。将各参与方视为谈判方，Nash 谈判解即为各参与方的收益分配值。Nash 谈判模型分为对称 Nash 谈判模型与不对称 Nash 谈判模型两种类型。

（1）对称 Nash 谈判模型

张智（2015）[110] 从关系风险和执行风险两方面，采用二元语义模型并结合隶属度函数将评价得到的语言信息量化，建立 Nash 谈判解，得到整个 IPD 团队最后的风险和收益分配方案。武敏霞（2016）[111] 用 Nash 谈判模型对 PPP 项目建立了收益分配模型。王丹（2017）[112] 对应用 BIM 技术为建设工程项目带来的效益用 Shapley 值对各单位进行利益初次分配，并把改进的 Shapley 值作为谈判的起点，最后用改进后的 Nash 谈判模型求解。

在上述文献中，将各参与者在联盟中的重要程度视为同等重要，建立了对称 Nash 谈判模型。

（2）不对称 Nash 谈判模型

还有学者选用了不对称 Nash 谈判模型。葛秋萍（2018）[113] 考虑协同创新战略联盟中成员在联盟中不同的重要度，建立了不对称 Nash 谈判修正模型。李腾（2019）[114] 研究了基于不对称 Nash 谈判模型的 PPP 项目的收益分配。刘强和程子珍（2020）[35] 运用不对称 Nash 谈判模型对影响收益分配因素的测定方法进行修正，使其更加符合动态联盟的特点。黄聪乐（2020）[115] 通过从各方的诉求及风险收益匹配的方向考虑，建立了基于 Nash 谈判的改进 Shapley 值的收益分配模型。

在这些文献中，都采用问卷调查法确定重要程度，用联盟成员的重要程度（系数）来描述 Nash 谈判模型的不对称。但是，IPD 项目收益分配主体为业主方、设计方和施工方，这三者在联盟中的重要性程度不好区分，并且三者谈判话语权不全对等。

因此，本书采用谈判力代替常用的联盟参与者重要程度，建立不对称概念，并构建不对称 Nash 谈判模型，对 IPD 项目收益分配策略进行分析。

5）其他方法

除了以上四种方法外，学者们还用了一些其他方法考虑综合因素下的收益分配策略。周文中（2012）[116] 运用矢量投影法进行了项目的绿色风险排序。牛余琴和张凤林（2013）[6] 综合考虑"贡献、投资、风险"三个因素，运用灰色关联法分别确定三个因素相应的权重，得到修正后的 EPC 总承包项目收益分配策略。王选飞（2017）[7] 用复合效用函数对多个因素进行了整合。王现兵（2017）[8] 用 TOPSIS 法建立了多因素视角下的企业联盟利益分配模型。高新勤等（2018）[117] 构建了云制造模式下制造联盟协同优化合作博弈模型，并采用改进的复合形法求解模型。

这些文献提出了不同的收益分配方法，研究了收益分配对任务或项目绩效的影响，表明了收益分配对项目所有参与者的重要性，并取得了相应的研究成果。关于动态联盟供应链、PPP 项目以及 EPC 总承包等领域收益分配方法和模型研究，可为 IPD 项目收益分配研究提供研究思路与方法。

1.3.4 文献评述

通过1.3.1~1.3.3节对国内外与本书相关研究文献的梳理和分析，一方面现有的关于收益分配文献中，考虑的影响因素不统一，并缺乏说服力，影响了研究的严谨性和科学性；另一方面，现有的文献中考虑收益分配的公平性较多，兼顾公平与有效原则的较少，包含公平性、有效和非劣解的IPD项目的收益分配策略的研究更少。具体地，从三大方面对IPD项目收益分配问题研究存在的问题进行分析。

1. 收益分配的影响因素评述

现有文献对IPD项目收益分配影响因素研究中，贡献和风险分担这两个因素最为热门，但未能全面地考虑影响收益分配的其他因素。很多学者都是从一种影响因素入手，再用其他的因素去修正结果。这样的研究思路片面、不深入。因此，首先需要用科学的方法挖掘影响IPD收益分配的主要因素，然后构建收益分配策略。

扎根理论法是一种定性研究方法，通过系统性地搜集质性数据并对其不断地进行归纳、对比、分析，螺旋式循环，逐步提升概念及其关系的抽象层次，旨在基于原始资料发展成为理论框架。而质性数据的收集可以利用CiteSpace软件绘制科学知识图谱，探索该领域的研究热点和演进脉络，这样可以避免由于收集文献时的疏忽而导致主观判断所引起的潜在偏差。

本书采用KDD技术，以CiteSpace软件为工具，进行质性材料的收集，用扎根理论为手段，对资料进行逐级编码，深入提炼资料的范畴，识别出范畴的性质和维度，分析出范畴间复杂交错的本质关系，建立影响IPD收益分配的主要因素的理论框架。

2. 各个影响因素的收益分配策略评述

1）贡献对收益分配的影响方面

在经典的Shapley值法中，各参与方被认为是同等重要的。利用经典合作对策的Shapley值法求出了联盟仅考虑贡献因素时的收益分配。这个方法的使用前提有两个假设：第一，所有的参与者完全参与一个具体的合作联盟中，是清晰联盟，即盟员不能同时参与多个项目，以保证参与者是利用各参与者全部的资源投入该联盟中，不存在参与者以一定的参与度参与不同的项目；第二，在组建联盟之前，各参与者清楚以不同的联盟方式即不同的合作策略下所产生的预期收益，以及自身参与某个特定的联盟所可能得到的收益。

上述两个假设与IPD项目合作联盟的实际情况不符。实际上，参与方由于业务发展需要、分散投资风险等因素的考虑，一般不是完全参与到某个特定的联盟中。由以上分析可知，通过Shapley值求解得到的IPD项目的收益分配方案，主要考虑了各参与方的贡献，方法简单，是一种理想状态的分配，在实际的合作联盟收益分配中，并不总是能满足特征函数的要求。

与传统的Shapley值法相比，最大熵值法（MaxEnt）优点是基本无假设和使用条件，所需的信息量少于Shapley值法，运用更加广泛。因此，本书采用最大熵值法研究IPD项目贡献因素对收益分配的影响。

2）资源性投入对收益分配的影响方面

在收益分配中，根据不同的研究目标，对投入包含的内容有不同表述。同时，常见的资源性投入的方法——线性均摊法不能准确地反映各参与者的实际投入量，不能科学地反映不同的投入对收益分配的影响，不能正确体现"投入—收益一致"的分配原则。

现有文献中，一般将合作博弈视为清晰博弈，用 Shapley 值法来计算。而实际工程中，各个参与方的努力程度、参与水平、监督机制等都会使得项目最后的收益分配值不是一个精确值。同时，由于资源性投入的不确定性，用模糊值来衡量 IPD 的收益分配值比较符合实际。另外，用模糊数学研究 IPD 的收益分配比较少，有必要进行深入研究。

本书运用集函数理论的测度论和模糊数学的方法，用参与度来衡量各参与方的资源性投入量，构建模糊测度和 Choquet 积分的支付函数，求解模糊合作博弈的解。

3）努力水平下收益分配策略方面

委托—代理理论是制度经济学契约理论的主要内容之一。在 PPP 项目、物流与供应链等方面，研究努力水平的文献比较多，而 IPD 项目努力水平的文献较少。同时，IPD 项目与这些领域有一些共同之处。因此，从这些研究成果里可以得到有价值的建议。与上述领域不同，工程建造是工程订购，IPD 项目的供应链是典型的"订单生产式"供应网络，不存在分销环节、零售和分级销售等方面的问题。IPD 联盟本质上可看成是为了市场的一个项目机会的临时性的行为，对于盟员的背景没有足够的信息，在 IPD 项目中通过专注于富有成效的努力，控制道德风险问题，让项目增值。

从文献分析可以看到，该领域分为两类研究成果。第一类研究基于委托—代理关系的收益共享合同，其中文献 [65]、[67] 从激励约束角度对努力水平的问题进行分析。第二类研究考虑公平关切下努力在供应链协调契约中的作用。主要关注点在最优努力水平与收益分配系数的确定上。现有的文献对于 IPD 模式下努力因素对收益分配的影响的研究是较匮乏的。

本书基于非对称信息博弈论、委托—代理理论的 Holmstrom-Milgrom 模型，结合激励相容约束和个人理性约束条件，建立业主的收益分配模型，并对 IPD 项目努力水平因素下收益分配策略进行讨论。

4）风险分担下收益分配策略方面

国内学者对 IPD 项目风险分担的研究比较多，多以风险因素为基点，用其他因素的影响改进基于风险分担的收益分配方案。

学者们一般都是先识别风险因素，然后对关键风险因素进行辨别，再通过建立模型确定风险分担比例。

（1）风险识别

常用的风险识别的方法，有文献访谈、现场调查法、德尔菲法、头脑风暴法、检查表法、ISM 法、粗糙集法、情景构造法、WBS、故障树分析法、流程图等。以上方法各有适用场景。Bajaj 等（1997）[118] 通过对澳大利亚新南威尔士州 19 家建筑承包商的调查发现，受访者多采用多种方法进行风险辨识，其中将财务报表分析法、流程图分析法、问卷和检查表法、情景构造法、影响图法用于风险识别的比例如图 1-1 所示。此外，还有风险事件核对法、SWOT 法等。

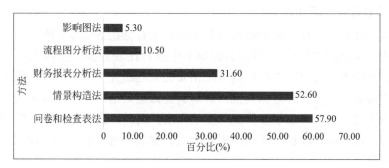

图 1-1　风险识别方法使用比例

脚本法，又叫情景分析法，是通过对项目不断变化发展的环境的研究，识别可能出现的相关问题，并对可能发生的多种交叉情景分析，对其发展趋势做出判断。适用于一些工期较长的项目进行风险识别。工作分解结构法（WBS）描述项目的整个工作范围，并分析项目各个阶段的风险因素。

在关键风险因素辨识时，学者们用了问卷调查法、ISM 法、粗糙集属性约简法和结构熵权法。问卷调查法、ISM 法主观性太强，粗糙集属性约简法删除冗余因素时，分类方法过于严格，对噪声过分敏感。结构熵权法是主观赋值法与客观赋值法相结合、定性与定量分析相结合的权重系数结构分析方法[119]，但其模型有些瑕疵。

因此，本书采用脚本法和 WBS 相结合的方法，对 IPD 项目中的风险因素进行分析，再对结构熵权法改进后进行关键风险因素识别，并选取合计权重超过 65％的风险因素作为关键风险因素。

（2）风险分担

通过文献研究，常见的风险分担研究方法有：博弈模型[89,110]、层次分析法（AHP)[91]、模糊层次分析法（FAHP)[90,93,95]、模糊综合评价法（Fuzzy Comprehensive Evaluation，FCE)[9,36,90]。这些方法都有各自的特点。

①博弈模型。适用范围广，可解决多种多目标决策问题，但会存在解不存在或者不唯一的情况。

②AHP 法。需要建立层次结构模型，比较矩阵的一致性不一定能得到满足，且结果偏差较大，准则层和方案层之间联系较少。

③FAHP 法。基于模糊数或者建立模糊判断矩阵进行定性与定量相结合分析的方法。采取层次结构分析与相对标度评分，不需要依靠最大特征根进行一致性检验，数学方法简单明了，适合于复杂系统评价及多目标决策问题。

④FCE 法。运用模糊数学的隶属度理论和模糊转化原理，通过最大隶属度原则对受到多种因素制约的评价对象进行总体综合评价。其原理是模糊混合计算的聚类测度理论。适合用于多因素相互制约、难以量化的各种不确定性问题。

本书采用 FCE 法进行 IPD 项目风险分担的分析。用 FAHP 法计算各级风险因素指标的权重，用三角模糊数描述专家评分的模糊语义，用 TOPSIS 法进行聚类分析，从而确定各参与方的风险分担系数，找到风险分担最佳点，在成本和收益之间找到平衡。

3. 综合因素收益分配评述

经过文献整理发现，综合因素收益分配主要方法有修正 Shapley 值法、满意度法、仿生优化群算法、Nash 谈判法等，将在后面章节中进行比较分析。整体来说，国内外学者侧重于贡献、风险因素等单因素与收益分配相互关系的研究。其中，较多的是通过风险分担得到一个收益分配方案，再考虑其他因素影响去修正该结果，从而得到最终的收益分配方案。这类方法没有全面考虑收益分配的影响因素。同时，这类方法把风险因素作为了影响收益分配的直接因素，降低了其他因素如投入、贡献和努力水平的作用，不能科学地解决收益分配问题。

本书先对 IPD 项目单个因素的收益分配策略分别进行研究，再考虑各种因素的耦合，用不对称 Nash 谈判模型对 IPD 项目综合因素的收益分配策略进行研究。

1.4 研究内容与创新点

1.4.1 研究内容

本书主要从微观层面即整个 IPD 项目角度，探讨 IPD 项目收益分配的问题。首先进行 IPD 项目影响收益分配因素的挖掘，然后分别建立单因素下 IPD 项目收益分配策略。在此基础上，综合考虑多个因素的相互影响，建立基于谈判力的多目标多人的合作对策的不对称 Nash 谈判模型，对 IPD 项目收益重新分配。最后结合实际案例对本书提出的模型算法进行验证。研究主要内容有：

1）IPD 项目收益分配的理论框架

首先，分析 IPD 模式产生的四个动因：外部环境的变化、企业内部组织和管理理念的迭代与更新、生产技术的日趋成熟和信息技术的发展变化；然后逐一分析 IPD 框架和组织结构，分析收益分配的要素。在辨析出 IPD 项目收益分配主体为业主方、设计方和施工方等核心概念界定的基础上，基于数据库知识发现技术，用 CiteSpace 软件对所收集的文献分别进行关键词共现分析、关键词聚类分析、文献共被引分析和作者共被引分析；再利用扎根理论对梳理的质化材料进行提炼，确定 IPD 项目收益分配贡献度、资源性投入、努力水平、风险分担四个主要影响因素；最后对影响因素进行概念性的界定。由此构建了 IPD 项目收益分配影响因素的理论研究框架，为下一步 IPD 项目收益分配策略的研究奠定科学支撑和理论基础。

2）IPD 项目单个因素收益分配策略

本书对贡献度、资源性投入、努力水平和风险分担四个主要因素分别进行了单因素收益分配策略分析。

采用最大熵值法建立贡献因素下收益分配数学模型，并用外点惩罚函数法求解该非线性规划的最优化问题，建立贡献因素下收益分配策略。

通过分析 IPD 项目中资源性投入的分类，用参与度表达资源性投入的不确定性，用模糊测度的 Choquet 积分表达形式的支付函数方法描述模糊联盟的合作博弈的解，即资源性投入下收益分配策略。还讨论联盟中局中人的参与度的变化对整个联盟可分配利润及对各个局中人收益分配的影响。

本书通过委托—代理理论的 Holmstrom-Milgrom 模型，分析努力水平下收益分配，通过分析 IPD 项目中业主依据成员的不完全信息奖惩成员，让成员选择对委托人最有利的行为，成员根据激励选择努力水平，并讨论努力水平对成员收益分配的影响，分析努力因素对契约选择的影响，研究契约中最优努力水平的确定以及相应的收益分配系数问题。

在分析风险分担下收益分配策略时，首先用脚本法和 WBS 法识别风险并建立风险集，然后利用改进结构熵权法确定关键共担风险，再用 FAHP 法计算风险分担评价指标权重，用三角模糊 TOPSIS 法计算出指标的贴近度，最后用模糊贴近度多目标分类法进行标签分类，从而确定各参与方的风险分担系数。

这些研究将丰富 IPD 模式大型项目贡献度、努力水平、资源性投入、风险分担四方面的理论研究成果，为收益分配提供科学、合理的依据。

3）IPD 项目综合因素下收益分配策略分析

本书运用多目标多人合作对策理论，引入谈判力概念，构建 IPD 项目收益分配不对称的 Nash 谈判模型。用各参与方的贡献度、资源性投入、努力水平、风险分担来衡量 IPD 项目中的谈判力的影响因素，并用 PCA-LINMAP 耦合赋权法来确定各参与者的谈判力，并利用 Kuhn-Tucker 条件对该模型进行求解，从而得到经过谈判协商后的收益分配主体在合约实施阶段最终获得的收益分配值。

该模型引入谈判力作为 Nash 谈判模型的不对称因素，考虑各个因素和各个响应主体之间的交互作用的影响，符合 IPD 项目各参与主体间工作的连续性、相互影响的特点。同时，PCA-LINMAP 耦合赋权法能结合两个子模型的优点，避免了决策者主观赋权的不准确，提高了结果的精确性和可靠性。

4）应用研究

选取 AIA 案例集中的 SSM St. Clare Health Center 案例，对 IPD 项目中单个因素下收益分配策略，以及综合因素下利用不对称 Nash 谈判模型分析 IPD 项目收益分配的方法进行验证。通过数据计算与分析得出一些研究结论，以期能够为 IPD 项目在我国的运用与推广提供有益参考。

1.4.2 创新点

本书以合作联盟理论、委托—代理理论和风险管理理论为理论基础，结合 IPD 项目收益分配的理论与实践需求，对收益分配影响因素、单个因素和综合因素下 IPD 项目收益分配策略这三个问题展开系统、深入的理论和案例研究。本书主要创新点在如下三个方面：

（1）构建了基于 Choquet 积分模糊合作博弈的资源性投入下收益分配策略。该方法运用集函数理论的测度论和模糊数学的方法，用参与度来度量不确定性的资源性投入量，利用模糊测度的 Choquet 积分定义模糊合作对策的支付函数。从而该方法有望用于解决联盟中资源性投入量难以定量化问题，并为衡量资源性投入对收益分配影响提供一种行之有效的定量分析方法，实现对不确定资源性投入下收益进行快速、有效、更加符合实际情况的分配。

（2）构建了基于 Holmstrom-Milgrom 模型的 IPD 项目中努力水平对收益分配策略。该方法不仅有助于盟员确定最优激励合同，还可以防止部分参与者"偷懒"和"搭便车"行为。验证了努力水平对 IPD 项目收益分配的重要影响，激励各参与方积极付出努力去实现项目整体利益的最大化目标。

（3）建立了对谈判力的 PCA-LINMAP 耦合赋权法和基于谈判力的不对称 Nash 谈判模型。该赋权法能有效地减少人为主观因素的干扰，为决策者的决策提供科学的依据。解决了建设项目谈判力难以确定的问题。同时，该谈判模型能全面考虑各个因素和各个响应主体之间交互作用的影响，强调了 IPD 项目参与者的整体性和共生性，完善了 IPD 项目收益分配影响问题的研究。

1.5 研究方法与技术路线

1.5.1 研究方法

本书主要采用问卷调查法、专家访谈法、定性与定量分析相结合法和案例分析法等多种研究方法进行 IPD 模式下影响收益分配策略研究，具体方法如下：

1）问卷调查法

该法是调查者以实证主义方法论为指导，首先按照问卷设计相关要求，将研究问题拟成系统问题或表格，收集样本数据信息；然后，对回收的问卷所提供的信息，进行统计分析、系统整理，作为实证进行分析，得出研究结果。本书将在研究 IPD 项目风险分担下收益分配策略时多次采用问卷调查法。

2）专家访谈法

专家访谈法是研究者为了达到特定的目标，经过资料收集、周密安排的基础上与选定的相关专家进行交流，借助专家的专业知识和经验了解有关情况的方法。常与德尔菲法相结合，采用德尔菲法的步骤，对书中需要的数据进行探讨，为进一步的研究提供基础数据。

3）定性与定量分析相结合

基于定性分析的方法之一——扎根理论，对收益分配主要影响因素进行了挖掘，得出四个主要因素：贡献度、资源性投入、努力水平和风险分担。并分别采用不同的数学模型来揭示规律、厘清关系，且定量测度这四个因素下 IPD 项目收益分配的策略，以及综合考虑四个因素耦合后 IPD 项目收益分配策略。

4）案例分析法

将本书的研究结果运用到实际的 IPD 项目案例中，验证建立的 IPD 项目的收益分配模型的可行性、科学性、有效性及实践性。

1.5.2 技术路线

本书的技术路线如图 1-2 所示。

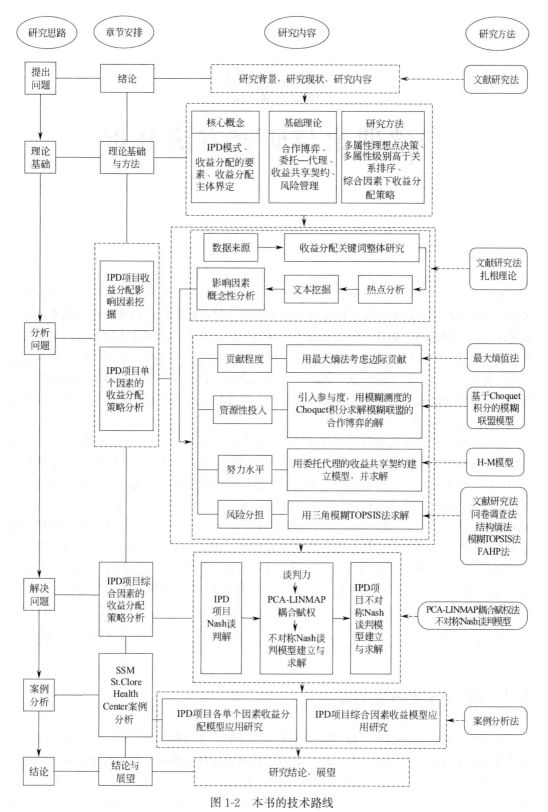

图 1-2 本书的技术路线

第 2 章

基础理论与研究方法分析

随着建设工程项目日益复杂化、大型化、专业化，运用传统项目交付模式会面临许多问题，如低生产率、各利益相关体之间对立关系等，这些因素往往会增加项目成本，造成成本控制、工期控制、质量控制难度加大，导致项目往往无法达到业主目标。因为大规模项目参与者需求的不确定性、复杂性、工作过程的交互性，传统的、普通的项目交付方式不适合复杂的项目，为了应对这些挑战，大型复杂的项目必须由一个更具活力的系统，整合更高层次的团队成员之间的积极协作与集成。在这种困难的环境中，需要工作流程再造改进项目交付功能[120]。

近年来出现的关系型项目交付方式（IPD 和联盟契约等）代表了范式的转变，因其需要风险分担而不是风险转移，这将项目团队协作和集成提升到更高的层次、最完整的形式。IPD 鼓励各参与者之间通过积极的行为，使项目绩效最大化，通过消除阻碍创造性和协作的行为，使各参与者的目标与项目目标达成一致，并激励为项目增加价值的行动（Ashcraft，2012）[121]。这种从风险转移转变到风险共享代表了项目交付理念的发展，创建高水平的参与者之间的信任程度和开放沟通是项目成功的关键。从理念和概念上讲，项目联盟和 IPD 都是致力于让各个参与者基于共同的目标团结在一起，分担风险、共享利益。Kent 和 Becerik-Gerber（2010）[4] 对 IPD 模式适用于工程项目类型的调查发现，医疗建筑（32.1%）、政府项目（31.2%）、工业建筑（30.3%）被认为是最适合 IPD 实施的项目类型，教育（27.5%）、商业（27.5%）、基础设施（25.7%）和运输（22.9%）紧随其后。

2.1 核心概念内涵分析

传统项目交付方法中，项目实施是一个碎片化的线性过程，每个碎片是依赖先前活动实质性完成才开始后续活动。在从最初的概念到项目完成这些碎片化过程中，各个利益相关体之间对项目交付目标的一致性和连续性以及目标实现会出现一系列的问题。DBB、DB、CM 等传统项目交付方式中，为了制衡各个参与方，业主方会将设计方与施工方分开（Franz 等，2016）[122]。这样会限制为项目带来最佳价值的协作和团队集成的机会，参与方通常会产生敌对情绪，导致索赔纠纷、成本增加、工期延迟的发生。正因如此，业主们纷纷改变工程项目的交付方式，集成设计和建造过程，在项目利益相关者之间重新分配风险，增加项目之间团队的协作。IPD 模式起源于项目联盟，经过不断地发展、改进、演化出了一系列新型项目团队组织形式，包括多方独立型（Polyparty Contract），多方合同型（Multiparty Contract）、单一目的实体（Single Purpose Entities，SPE）等。这些替代的方法已经被证明在改进项目绩效方面效果很明显。

2.1.1　IPD 模式

许多专业组织和机构制定了 IPD 合同的形式和指导准则，IPD 的定义因为合同安排的方式和复杂性、团队的组成不同等因素而略有差异。如 Matthews 和 Howell（2005）[123]，ADTF（2006）[124]，AIA（2007）[2]，AGC（2009）[125]，AIA（2010）[126]，NASFA 等（2010）[127]，Kent 和 Becerik-Gerber（2010）[4]，CMAA（2010）[128]，Anderson（2010）[129]，AIA（2014）[130] 等都有 IPD 定义和特征的描述。

上述从不同角度定义了 IPD。AIA 从管理的角度考虑了 IPD 是多要素组合，并阐明了 IPD 的目标与意义。CMAA 的定义是从合同管理的角度出发，着重于关系契约管理。AGC 将 IPD 视为一个联盟，从一个虚拟企业角度来定义 IPD。根据 David 和 Burcin（2010）[4] 开展的一项问卷调查结果表明，所有的定义中，AIA 在 2007 年发布的《Integrated Project Delivery：A Guide》[2] 中定义的认可度是最高的。

AIA（2007）[2] 将 IPD 定义为："IPD 是一种项目交付方式，将人员、系统、业务结构和实践集成到一个过程中，协同利用所有参与者的才能及其见解，通过设计、构件制作和施工阶段过程中共同努力，使建设项目结果最优化、效益最大化，增加业主的价值，减少浪费。"

在这些文献里，对于 IPD 特征的描述，都在强调关键参与者的早期参与，通过达成共识，共同处理突发事件，早期目标确定，多方契约、协同决策和控制，关键参与者间责任豁免，建立团队激励机制，创造一个所有团队成员都努力实现项目目标，并共享项目风险和回报的环境。

在国内，IPD 定义最早出现在 Autodesk 公司发布的《BIM 与 IPD—白皮书》[131] 中，首次将 IPD 翻译为综合项目交付。在建筑业技术应用标准体系及通用标准研究论文的研究成果中，沿用了该翻译。

1. IPD 模式产生的动因

1999 年，Halman 和 Braks[132] 发表的 "Project alliancing in the offshore industry" 中讨论了"项目联盟"这个组织概念，阐述了项目联盟应用在海洋工程中，对运营商（石油和天然气公司）和参与的承包商而言，有降低项目成本和增强利润的潜力。项目联盟是 IPD 模式的雏形。从 2005 年开始，IPD 的发展势头如火如荼。

IPD 模式的产生是必然的，是项目管理交付方式发展到一定阶段的产物。任何一个组织和管理模式都有自己的特点，会随着经济的发展、科学技术的进步和管理理论的发展，进一步地演变和完善。IPD 模式的组织结构产生背景和动因包括以下三方面。

1）外部环境的变化

CMAA 在 2007 年的行业报告中指出，30% 的建设项目超出进度或者预算。美国建筑工业协会（Construction Industry Institute，CII）和精益建造协会（Lean Construction Institute，LCI）在 2004 年的一份研究表明，在建设项目上的时间、精力和物质投资 57% 都被浪费了，相比之下在制造业只有 12%。美国劳工统计局的一项研究表明，自 1964 年以来，建筑业的生产率一直在下降，而其他所有非农业的行业加起来几乎实现了 200% 的增长[133]。2020 年，按照我国建筑业总产值计算的劳动生产率再创新高，达到 42.3 万元/人，比 2019 年增长 5.8%，增速比 2019 年降低 1.3%[134]，如图 2-1 所示。

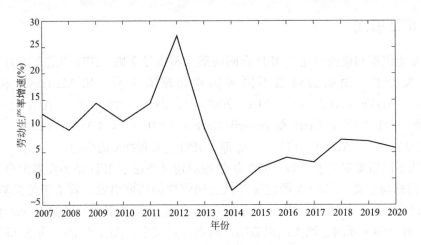

图 2-1 我国建筑业的劳动生产率

（注：数据来自 2020 年建筑业发展统计分析，2016 年建筑业发展统计分析和中国建筑业协会网站[134]）

在建筑项目施工中，返工是造成浪费的主要原因，返工可能源于设计错误、设计遗漏和工程变更。根据 Love（2004）[135] 研究，项目返工的直接成本为 3%～23% 的合同金额，并且错误的 50% 源于设计阶段，40% 在施工阶段。因此，IPD 模式产生的最大动因在于建筑业需要提高效率、减少浪费和返工。对于复杂大型项目，存在着大量不确定风险、复杂的工作过程以及各参与方相互敌对关系的相互影响。另外，建筑市场竞争也日益白热化，市场的快速发展变化要求建筑企业反思现有的组织结构和项目交付方式。

因此，为了有效地管理日趋复杂和庞大的项目，在业界，项目交付模式一直在发展和创新。传统项目交付模式下，设计、采购、施工等各个过程都是被碎片化、孤立的。而各个参与者为了缩短工期，提高质量，降低项目建设中可能出现的风险，都在为项目成功这个共同目标工作，于是，各个团队之间和成员内部沟通需求和信息交换需求在增加，这些都促成了综合交付方式的形成。

2）企业内部组织和管理理念的变化

建筑业对更高经济效益的追求、现代建筑物体量增大与复杂性上升，对 DBB、CM 及 DB 等传统项目交付模式的挑战，使得人们越来越关注项目交付系统的效率，以便以平稳、有效的方式管理建设项目。要有效和全面地管理，就需要考虑建设全过程的综合计划。为此，从项目开始阶段就必须在每个阶段之间进行协作。业主越来越关注在项目中的资金投资效率、追求更高的价值和更少的浪费。于是，业主寻求改变项目交付方式，提高施工效率和劳动生产效率。但是，在传统项目交付系统中，设计方和施工方分别与业主签订合同的模式有局限性。在国外，20 世纪 90 年代 AEC 行业诞生了一种全新的建筑项目交付模式 IPD，越来越多的项目实施时引入 IPD 模式，提高项目管理的效率。在我国，用 IPD 模式进行综合项目管理必可大幅提高项目管理水平。

3）技术的日趋成熟

IPD 的顺利实施离不开各种技术的应用。IPD 模式要求各参与方互信合作，信息沟通顺畅，而 BIM 技术、区块链、物联网和管理信息系统等信息技术的不断发展，为实现项目在项目全过程内的各种工作和信息集成提供可靠的平台。项目可以用物联网技术进行实时、主动感知和采集构件制作、运输、安装和施工现场各个环节的信息，将 3D 数据变成 nD 数据，在管理信息平台上实现多源信息集成。

IPD 模式追求项目的价值最大化，减少浪费，提高效率，重视价值链的增值，又正好符合精益建造思想的精髓，所以，精益建造的关键技术如目标价值设计（Target Value Design，TVD）、最后计划者系统（Last Planner System，LPS）、准时生产方式（Just In Time，JIT）等可以促进 IPD 项目的成功实施。

TVD 是从项目定义到施工进行严格管理，以确保项目在预算范围内设计，并满足用户的运营需求和价值[136]。它将增加项目价值和消除浪费（时间、金钱和人力）定为过程目标。在项目早期，设计方与业主紧密合作，确定适当的目标，制定详细的预算。工程造价的确定是逐步精确的，从项目前期策划、设计、招标投标、施工等各个阶段都围绕项目目标成本来展开成本的控制工作。

LPS 是精益建造的一种计划控制体系，Ballard 和 Howell 提出和完善了这一理论[137]。它实际上是项目计划与控制的"操作系统"，基于"流计算模型"，通过"拉动式"流程设计和多级交互式计划与控制方法，保障计划任务在开始实施之前，紧前任务已经准备就绪或者完成，从而保证该项任务能够顺利完成。LPS 是精益建造计划管理和控制的有效工具。

JIT 核心思想是"在所需的时间生产需要数量的产品"。运用 JIT 思想进行项目采购管理时，可以利用共享信息平台，获得施工方对材料的需求信息，供应商在订单生成后快速响应，在规定的时间和质量条件下交付到规定的地点，现场实现零库存管理。这可以减少材料存储、搬运等方面的工作量，降低存储成本和时间，降低材料运输、仓储费用，降低项目的成本，最大化地获取利润。

此外，还有其他的信息技术（如区块链、大数据挖掘等）和通信技术的发展，均为 IPD 项目的顺利实施提供了技术条件。

2. IPD 框架

IPD 框架是用来定义项目参与者和项目之间的关系，并指导行动的过程，体现了项目的目标、项目的成功或失败都与各参与方行为有关。IPD 框架把控制权交给了项目参与者，让其不仅仅对个体表现负责，还需要对整个项目的结果负责。正确设计 IPD 框架，会激励参与者的行为，增加创造力，提高生产力，减少浪费。一个好 IPD 框架，无论从价值、可持续性还是其他方面来衡量，都会带来更好的结果。

IPD 框架表现在两个层面：宏观层和微观层。宏观层框架由合同条款、业务结构组成。微观层框架用于项目实施中的协议和过程。一般来说，宏观层框架体现项目 IPD 合同的目标、关系、指标和结果[138]。微观层框架将集成扩大到操作层，处理工作设计、信息设计和团队设计的事件会包含在附属文件中或者记录在合同附件中，例如 BIM 实施计划、工作计划、过程图和项目手册。宏观框架和微观框架结合在一起，形成了IPD的路线图。

1）宏观层框架

一个完全的IPD项目有五个主要的结构要素。通过图2-2表示如何将IPD的五个结构要素（图2-2中的五个方块）和IPD行为与IPD项目可交付的成果联系在一起。项目成果包括项目成本、工期、质量、功能和可持续性（能源效率）等[2]。改进传统交付方式的一个关键领域是为可持续性设定更积极的目标，可以为项目全生命周期目标建立度量标准，也可以用碳足迹和替代能源的整合设定目标。

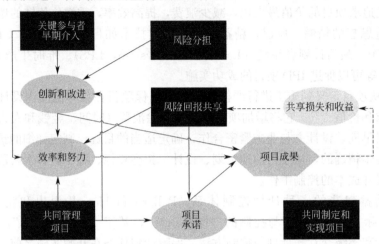

图2-2　IPD结构要素与项目成果之间联系

下面将讨论每个结构要素的重要性以及如何影响IPD行为。

（1）关键参与者早期介入

在一个大型综合项目中，关键参与者从最早的策划阶段就参与进来，所有关键参与者专业知识的汇集提高了决策能力。在项目的早期阶段，任何决策都会对整个项目产生很大的影响。

（2）根据项目成果收益/风险共享

IPD协议将补偿与项目目标的实现联系起来，虽然分配方式不同，但是参与者的全部或者部分利润都面临风险，如果项目业绩达到或超过预期，利润可能会增加。个体的利润不是工作量的函数或生产力的函数，而是与整个项目的成功成比例分配。共享收益/风险会增加项目的承诺，也有助于各方与项目目标保持一致。一方通过向其他各方提供建议或帮助而受益，各方关注不仅仅是单个系统或元素，而是如何优化整个项目。

（3）共同控制项目

IPD项目中，共同控制项目是通过由业主、设计方和承包方组成的项目管理团队来实现的。项目管理团队有权管理项目以实现共同商定的目标，因此，项目管理团队的每个成员都必须有权约束其各自的实体，每个成员间相互依赖。项目多方共同控制，可以加强各方的沟通效率和责任感，还可以平衡并制衡双方的利益，达到公平的目的。

（4）减少责任风险

责任风险会通过增加应急费用而增加项目成本。一个理性的参与方会评估它自身或者所处的联盟面临的风险，量化风险，并在项目成本中增加考虑风险的费用。责任豁免会减少诉讼成本，增加交流、创造力，减少应急费的使用。

（5）共同制定与实现目标

在项目开始初期，会制定合作双方可以实现的目标。这些目标是后期补偿确定的标准，也是进行目标价值设计的目标。因为各参与方是共同协作发展，所以该目标也是各参与方共同的目标，并协力合作，致力于实现目标。目标和用于判断项目成功和报酬的标准是共同商定的。所有各方都有必要对商定的预期结果感到满意，因为它们可能会影响奖金和补偿结构。

2）微观层框架

宏观层框架是为项目执行阶段设置。它鼓励正向行为，并使各方达成共同目标。但这并不能设计或构建项目。微观层框架建立在宏观层框架之上，以创建有效执行项目所需的结构和流程项目。它与宏观层框架不同，宏观层框架在项目的业务和法律结构中定义，并在项目开始前就已确定。微观层框架如图 2-3 所示。

微观层框架是有机的，由团队根据其能力和需求开发，并在项目期间不断演变结构，不断融入新的内容。它是一个过程，而不是一个固定的模式。然而，在这种可变性中，有三个基础的微观框架概念在于几乎所有的 IPD 项目中均存在：工作设计、信息设计和团队设计。这些概念在实践中，具体行为将影响并受其中几个或所有概念的影响。

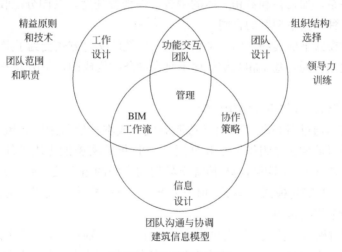

图 2-3　IPD 微观层框架

（1）工作设计

工作设计包括项目任务的划分、分组和组织方式以及有效执行这些任务的技术。

（2）信息设计

信息设计侧重于如何创建、交换和保存信息管理。在传统项目模式中，信息是为了支持和保护其创造者而组织起来的。但在 IPD 模式中，信息的设计应满足项目的需要，这需要将重点转移到信息接收者以及信息如何使用。

（3）团队设计

实际上，IPD 所有工作都是通过团队来执行的。团队的创建、组织和管理方式对项目结果有重大影响。工作设计和团队设计之间有着直接的联系。团队的规模和组成是根据所从事的工作定制的。一般来说，工作应根据项目管理团队的规模和能力进行划分。在大型项目中，会有许多跨学科和跨职能团队，必须在项目管理确定的结构内给予他们执行任务的自由度。信息设计也会受到类似的影响，因为团队之间若没有信息传递，项目几乎无法完成。

IPD模式各参与方通过早期介入、风险共担、收益共享、信息互通、知识共享来提高项目团队协同决策能力和协作水平（Kent和Becerik-Gerber，2010）[4]。其中，知识共享是项目实施重要的基础。知识，作为一种重要的无形资产，能够和参与者带来核心竞争力，知识共享能更好地促进项目功能/价值的提高。但对参与方而言，共享知识意味着其有可能丧失竞争优势；同时，由于知识本身具有隐性的特点，知识间的距离、团队文化等都会影响知识共享的效率。因此，对IPD项目团队设计时，需要设计知识共享机制，促进项目各参与方进行高效的知识共享。

3. IPD模式的组织结构

IPD模式成功实施的关键因素在于建立一个高度协同的项目联盟，核心参与方早期介入，尽早地实现项目信息沟通与共享。从项目初期开始，项目主要参与者分享经验、技术、知识以及可预见的风险等。与项目团队成员之间的集成多方合同，使关系变得更加可靠和彼此尊重，这是一种新型的合作关系，会改变传统模式下各利益相关体相互独立的模式，重塑合作关系，加强各利益相关体的融合，增强责任感，共同分配收益。因此，IPD模式实际上是一种"关系型"的合同。

与传统交付模式下的契约合同关系相比较，传统的交付方式受到了严格的条款和条件的限制，关系型的合同是基于相互信任而不是合同条款构成的，是由未来契约关系的价值所维系的协议。

1）与其他交付模式的组织结构比较

各种合同文本通过IPD程序、财务透明制度、成本补偿与激励和风险管理等来进行成本控制。在项目前期建立组织体系和合同是IPD模式实施的先决条件。合同由交易型转变成契约型，IPD项目组织结构与传统交易型的合同的组织结构有较大的区别，图2-4分别表现了传统DB交付模式、集成DB交付模式（EPC模式中应用最为广泛的一种）和IPD模式三者的组织结构图。

集成DB交付模式与传统DB交付模式的一个关键区别在于，在集成DB中，业主全程参与设计过程。在这种情况下，业主在项目需求建议书中向设计—建造团队提供一个目标成本或预算，而设计—建造团队在投标时根据预算的±20%的范围内编制概念设计。设计单位应在投标时或与业主协商后提交GMP（Guaranteed Maximum Price，保证最大价格）合同。一旦选择了设计—建造团队，业主将继续参与TVD全过程，以确保项目仍在GMP范围内，并得到最符合业主需求（最佳价值）的设施。

而在传统DB模式下，因为业主一般和设计方进行了充分沟通，业主很少参与设计过程。传统的DB模式本质上是分层的。集成的DB模式本质上是协作的，但不像IPD那样透明。IPD模式中设计方与业主完全合作，风险和回报共享的圈子中不一定包括顾问和分包商。

因此，完全集成的项目交付（IPD）和集成DB交付模式之间重要区别如下。

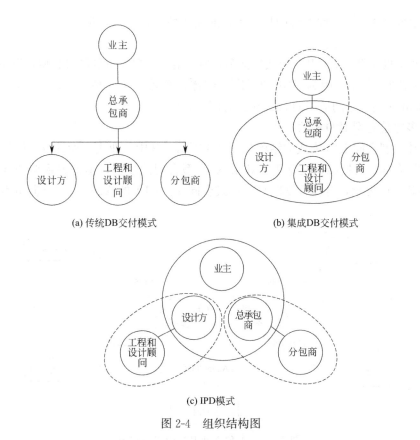

图 2-4　组织结构图

（1）合同模型不同。集成 DB 中通常是业主和承包商之间签订协议。IPD 中业主、设计方和承包商之间签订多方协议。

（2）IPD 项目实际成本的透明度比集成设计—建造要大得多。

（3）IPD 项目中业主和其他关键项目团队成员之间的费用结构和某些责任豁免（共享风险）。而集成设计—建造模式中不是风险共担。

2）IPD 合同文本体系

最早 IPD 的合同出现在美国的 Sutter Health Fairfield Medical Office Building 项目中，在该项目中使用了 IFOA 协议（Integrated Form of Agreement），它是多方型 IPD 合同，属于定制型合同，由业主、设计单位和承包商这三个核心参与者签订三方合同。各方地位平等，设计方和施工方共同负责设计遗漏和施工错误，主要参与者之间相互免责，并有具体的协议条款和风险/收益共享条款。随后 AGC（2007）发布了 Consensus DOCS 300 合同[139]。然后，AIA（2008）发布了 C 系列合同，即 A195/B195＆A295 过渡型合同、AIA C191 多方型合同、AIA C195 单一实体型合同[140]。

IPD 的合同文本体系分为三大类：AIA 合同，Consensus DOCS 合同和定制型合同。AIA 合同最为全面，包括过渡型的 A295 系列、多方型的 C191 系列和 SPE 型的 C195 系列。Consensus DOCS 在 2007 年与 23 个建筑业组织联合发布了项目交付标准形式的三方合同，即 Consensus DOCS 300，成为第一个 IPD 标准建设合同及多方合同。定制型合同包括在美国 Sutter 健康中心中使用的 IFOA 协议和 Hanson Bridgett 律师事务所发布的

IPD 标准合同文本[121]。此类合同具有更强的灵活性和针对性，更好地贴合企业或项目的实际需求。

按照集成度从低到高，IPD 模式包括多方独立型、多方合同型和 SPE 型，组织结构分别如图 2-5～图 2-7 所示。因为 AIA 的标准合同体系覆盖了这三种模式，因此，在图 2-5～图 2-7 中标出了组织之间适用的 AIA 标准合同的编号。

（1）多方独立型 IPD 模式

多方独立型合同 IPD 模式的结构如图 2-5 所示。其中，业主与设计方、咨询方、承包商分别签订合同，合同结构是基于 CM at Risk 型合同的改进，不是关系型的合同，但蕴含了一些 IPD 的思想，合作程度较 CM 模式合同深。AIA 的 A295 系列合同范本适用于该类型。

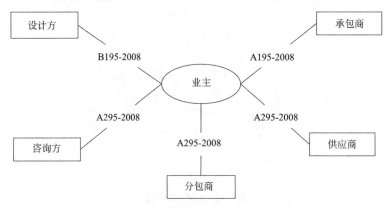

图 2-5　多方独立型 IPD 模式结构图

在这种模式下，各个核心参与者彼此独立，咨询方会在项目前期决策阶段就介入。由业主、设计方和施工方组成的核心团队定期举行会议，共同确定项目的各项目标，进行项目决策，对项目进行协调控制。

（2）多方合同型 IPD 模式

在多方合同型 IPD 组织中，如图 2-6 所示，业主与 IPD 的核心成员签订三方或多方协议，因此，核心成员与其他相关方（如咨询方、分包商、材料供应商、设备供应商）通过合同建立起一种更加集成的契约关系。

多方合同型 IPD 组织中清晰地界定了各方之间合同的文本类型和逻辑关系，明确了各方的责任和义务。AIA 的 C191 系列合同、Consensus DOCS 300 三方合同范本，以及 IFOA 和 Hanson Bridgett LLP 的 IPD 标准合同文本[121] 等定制型合同都可以用于这种多方合同型 IPD 组织。Hanson Bridgett LLP 的 IPD 合同是在 AIA CM 合同基础上的改进。定制型合同可以根据参与方和项目的需要进行定制，具有更强的针对性和灵活性。

（3）SPE 型 IPD 模式

SPE 型 IPD 模式适用于建筑物工程量大、复杂程度高、工期长、运营维护要求高的 IPD 项目。其结构如图 2-7 所示。

这种组织结构要求项目业主、设计方和承包商在整个项目建设期组成单一用途实体

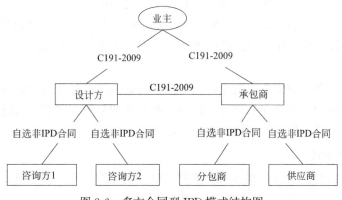

图 2-6　多方合同型 IPD 模式结构图

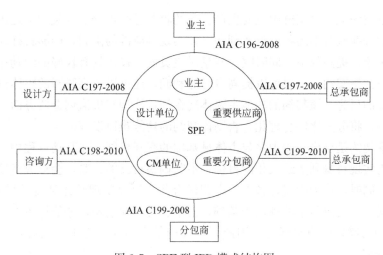

图 2-7　SPE 型 IPD 模式结构图

（SPE）作为一个有限责任公司进行全过程管理。有限责任公司成员的风险和责任更加一致，这使得合作更加有效。所有成员必须提供资金以支付实体的费用。其他项目成员，比如专业分包商，如果对项目的作用足够大，可以依据 AIA C195 系列合同文本签订合同。

SPE 型 IPD 模式中，彼此收益和风险都捆绑在一起，项目集成度较高[141]，各方不再单独签订合同，更有利于项目功能/价值的顺利交付。它属于关系型合同。目前适用于这种类型的合同范本是 AIA 的 C195-2008 系列合同，包括 C195～C199 共 5 个合同文本。

在以上三种组织结构模式中，前两种与传统项目交付模式基本一致，只是在其中采用了 IPD 系列蕴含了 IPD 和精益施工思想的合同。SPE 模式是由 IPD 带来的全新的组织结构模式，Kermanshachi（2010）[142] 指出该组织结构模式是保证多个参与方组成的 SPE 在 IPD 项目中成功实施的关键因素。

2.1.2　收益分配要素

收益是博弈中各局中人最关切的，策略的选择都是为了最大化其收益。收益的界定一般有经济学和会计学两种。经济学上，收益是企业出售其产品所得到的货币量。会计学上，收益是指来自企业期间交易的收入和相应费用之间的差额，其核心是成本补偿。依据 IPD 项目的特征以及 AIA 相关合同条款的含义，本书将所研究的 IPD 项目收益定义为：IPD 模式下的工程项目，在实施过程中各参与方因为联盟所带来的收益增值和所获得的目标激励补偿。

收益分配在实践活动中表现为生产或交换过程的延续，是社会产品要素在不同利益相关方之间进行的资源、经济交换和运行过程。在常见的分配制度下，收益分配过程离不开收益分配模式、来源、原则、主体这四个核心要素[143]。

1. 收益分配模式

收益分配模式是指项目联盟各参与方获得项目收益的方式。常见模式有三种：收益共享模式、固定支付模式和混合支付模式[144]。依据收益分配模式，收益分配主体签订收益分配契约。

收益共享契约就是供应链中主要生产企业的收益进行再分配的契约。运用收益共享契约可以合理地分配联盟中的各成员的利润，并实现供应链的协调，能够较好地体现供应链盟员的联合决策，提高效率，同时收益共享对盟员质量投入具有较好的激励作用。合作联盟中应用收益共享契约，不仅可以提高自身的利润，还可以提高联盟的整体价值，对参与方是一种双赢的行为。该契约的功能主要体现在利益协调和价值创造两方面。这需要在收益共享契约中，将分配比例合理化，否则该契约的功能难以发挥。

收益共享契约是合作联盟中参与主体最基础的交互机制，在互动过程中，IPD 联盟中的各参与方为实现自身利益最大化的目标，不断调整自己的策略，会形成竞争与合作更替的博弈过程。同时，作为联盟，各参与方积极合作，可以实现整体利益的最大化。因此，收益共享方案，需要以科学的理论为基础，公平、合理地制定，才能被各参与方接受，从而促进 IPD 项目联盟的稳定运行。因此，该理论是本书立足之本，收益若不共享，则无从研究收益分配。

IPD 团队成员间是利益共享、风险分担的模式。一方面，合作联盟成员按照协议约定的分配方案从联盟最终的总收益中进行产出共享，获得各自的收益；另一方面，对 IPD 常见四类合同体系的分配规则分析知，IPD 项目目标成本有结余时，会有激励补偿，这种情况下，业主除了向其他参与方支付固定的报酬，还会给予激励补偿金。激励补偿金来源于激励池或者应急管理费中未使用的部分。因此，IPD 项目收益分配的模式为混合支付模式。本书基于这种混合支付模式展开收益分配策略研究。

2. 收益分配来源

对所有参与者来说，获得 IPD 合同所涉及的收益分配需有三个条件：

（1）为项目各参与方得到业主确认的工作提供合理的报酬，促进参与方的劳动积极性；

（2）补偿各参与方基于项目利益最大化所做的所有努力成本，促进建设项目生产效率的提高，激发参与者的创造力；

（3）达成项目各种目标后的奖励和应急费用结余的分配。

因此，在 IPD 项目实施过程中，收益分配体系包括两大部分，一部分是 IPD 各参与方所提供的服务或者付出的劳动所进行的成本补偿，包括直接成本和间接成本。另一部分是来自与 IPD 目标所关联的奖金分配，包括目标达成奖和激励奖（包括创新和良好业绩的奖励），它是收益分配体系的核心内容，也是本书所讨论的收益分配的范围。

在不同的 IPD 项目合同体系中有不同的收益策略，常用的合同体系有 AIA C191、AIA C195、CONSENSUS DOCS 300 和 HANSON Bridgett LLP。收益包括直接成本、间接成本、固定利润和风险利润。对参与方而言，重要信息包括决策结构、目标成本的制定、不同 IPD 合同类型中的激励政策，权变管理和风险分配等。表 2-1 列出了四类 IPD 合同体系下各参与方合作行为的收益/风险共享策略。

四类 IPD 合同体系中收益/风险共享策略的比较　　　　　　　　　表 2-1

合同	状态	DC	IC	P	CP	DC：Direct Cost 直接成本；IC：Indirect Cost 间接成本；P：TC-Risk-Free Profit 未考虑风险收益的目标成本；CP：Contingency Profit 应急费用
AIA C191 体系	AC<TC	1	1	1	1	
	AC=TC	1	1	1	0	
	AC>TC	1+1	1+0	1+0	0	
参与者的净补偿＝直接成本＋间接成本＋未考虑风险利润的目标成本（目标达成奖励）＋应急费（应急管理未使用部分）						

合同	状态	DC	IC	AP	CP	
AIA C195 体系	AC<TC	1	1	1	1	AP：At-risk Profit 风险费用
	AC=TC	1	1	1	0	
	AC>TC	1+0	1+0	0	0	
参与者的净补偿＝直接成本＋间接成本＋考虑了风险利润的目标成本（目标达成奖励）＋应急费（应急管理费未使用部分）						

合同	状态	DC	IC	F	CP	
CONSENSUS DOCS 300 类型 a	AC<TC	1	1	1	1	
	AC=TC	1	1	1	0	
	AC>TC	1	1	1	0	
CONSENSUS DOCS 300 类型 b	AC<TC	1	1	1	1	F：Fee，酬金
	AC=TC	1	1	1	0	
	AC>TC	1+0	1+0	1+0	0	
CONSENSUS DOCS 300 类型 c	AC<TC	1	1	1	1	
	AC=TC	1	1	1	0	
	AC>TC	1+0	1+0	0	0	
参与者的净补偿＝直接成本＋间接成本＋酬金＋应急费（应急管理费未使用部分）						

合同	状态	DC	IC	F	CP	
IFOA	AC<TC	1	1	1	1	
	AC=TC	1	1	1	0	
	AC>TC	1	1	1	0	
参与者的净补偿＝直接成本＋间接成本＋酬金＋应急费（应急管理费未使用部分）						

续表

合同	状态	DC	IC	P	AP	
HANSON BRIDGETT 类型 a	AC＜TC	1	1	1	1	P：Risk-Free Profit（不含风险的利润）
	AC＝TC	1	1	1	0	
	TC+ICL＞AC＞TC	1+1	1+1	1	＜1	
	AC≥TC+ICL	1+1	1+1	1	0	
HANSON BRIDGETT 类型 b	AC＜TC	1	1	NA	1	
	AC＝TC	1	1	NA	1	
	TC+ICL＞AC＞TC	1+1	1+1	NA	＜1	
	AC≥TC+ICL	1+1	1+1	NA	0	
参与者的净补偿＝直接成本＋间接成本＋未考虑风险的费用＋风险费用（ICL）						

AC：项目的实际成本
TC：项目的目标成本
DIC：项目的直接成本和间接成本之和
ICL：Incentive Compensation Layer，激励补偿层
1：有补偿
0：没有补偿
＜1：有部分补偿

AIA C191 系列：在这种类型的合同中，项目团队首先会进行风险识别，找出规划、设计和施工阶段所有风险，然后建立项目目标成本。目标成本不包括应急费。应急费的设立具有双重作用：（1）应付所有的潜在风险和不确定性；（2）当未使用完时，可作为团队的激励报酬。目标成本在标准设计阶段确定，激励报酬在项目完成后确定。从本质上说，当团队完成项目所有任务后，通过目标实现的利润获得收益，当项目完成后存在未使用的处理意外情况的应急费时，无论是否达到目标成本，都可通过激励实现目标补偿。此合同类型未提及任何有关关键分包商和咨询方共担风险。

AIA C195 体系：目标成本包括应急费，但合同没有提及在不确定的情况下如何使用它。如果实际成本低于目标成本，则未使用的应急费用属于团队作为激励性报酬。与 AIA C191 类似，收益是通过目标获得的奖励和激励报酬。与 AIA C191 不同的是，达成目标奖励只有在满足项目目标包括目标成本的情况下才进行补偿。如果实际成本超过目标成本，参与方继续开展工作没有任何直接和间接成本的进一步补偿，这一点存在着风险。

CONSENSUS DOCS 300 体系：项目目标成本估算包括所有设计和施工成本以及应急费。此类合同中设计和施工服务的补偿与传统项目的补偿结构（工作成本加上费用/利润）类似。项目如果实际成本低于目标成本，则各参与方共享节约。如果实际成本超过目标成本，业主承担全部成本或额外成本由项目参与者共同分担。如果额外成本由参与者分担，则项目决策团队将决定其费用是否存在风险。

Hanson Bridgett LLP 体系：此类合同中，项目参与者可以将风险定为利润的百分比。项目参与者将在项目的设计和施工过程中获得所有直接费用和间接成本加上利润的百分比（如果整个利润没有风险）。剩余的利润份额属于 ICL 并保留至项目最终竣工。如果实际成本超过目标成本，ICL 用于支付额外成本。如果实际成本没超过目标成本，参与方共享 ICL。一旦项目 ICL 已耗尽，业主将承担项目所有额外费用[145]。

由此可以看到，不同的 IPD 合同体系的收益分配的来源有些差异。IPD 项目实际上与传统项目交付方式项目实施程序、团队成员态度和行为、项目目标等均有差异。IPD 合同都是"关系型"合同，各参与方有正式或非正式的沟通渠道，信息流通顺畅，彼此信任，有的 IPD 合同还有相互豁免的条款。

而传统项目交付方式下，常见的合同体系包括固定总价合同、成本加酬金合同和固定单价合同，都属于"交易型"合同。各参与方彼此界限清晰，权责划分明确，相互独立，彼此是对立的合同关系，各自为营，都希望将风险转移给其他利益相关体，自己获得更多的收益。Osipova（2015）[146] 通过调查与项目参与者的关系相关的问题发现，不同的目标和不同的风险态度是建设项目中参与方之间敌对关系的原因。所以在传统项目交付模式下，收益不是统一分配的，各参与方专注于完成自己的任务，只关注自己的收益，不会将项目集成考虑。

3. 收益分配原则

IPD 联盟的收益来自于各方的共同努力，同心协力。在项目实施过程中，联盟里所有的参与方都以是否赢利为首要原则，要求收益分配公平合理，且尽可能地让各个参与方达到预期收益。因此，在 IPD 模式下，制定收益分配策略应体现以下原则。

1）公平性

参与 IPD 项目联盟的企业从经济学角度是个体理性的，每个盟员经济活动都是追求个体利益的，都希望参与联盟后能获取最大的利益。即

$$\varphi_i(v) > \varphi_i^0(v) \quad (i = 1, 2, \cdots, n) \tag{2-1}$$

式中，$\varphi_i(v)$ 是企业 i 加入联盟获得的收益，$\varphi_i^0(v)$ 表示企业 i 不参加联盟时的收益，n 为盟员个数。

2）有效性

IPD 项目联盟中，所有的收益都会分配，不会有剩余，即

$$\sum_{i=1}^{n} \varphi_i(v) = v(N) \tag{2-2}$$

式中，$v(N)$ 为 IPD 项目可供分配的收益。

3）投入—收益一致

IPD 项目在进行收益分配时，要充分考虑各个参与方投入的所有资源，在其他因素相同时，参与方的投入与收益应该正相关。即

$$I_i > I_j \Rightarrow \varphi_i > \varphi_j \quad (i, j = 1, 2, \cdots, n) \tag{2-3}$$

式中，I_i 和 I_j 表示 IPD 项目成员 i 和 j 投入的资源。

4）风险—收益一致

"风险共担，收益共享"是 IPD 模式合作关系建立的基础。IPD 项目在进行收益分配时，要充分考虑各个成员承担的风险，在其他因素相同时，成员的风险与收益应该正相关。即

$$R_i > R_j \Rightarrow \varphi_i > \varphi_j \quad (i, j = 1, 2, \cdots, n) \tag{2-4}$$

式中，R_i 和 R_j 表示 IPD 项目成员 i 和 j 承担的风险。

2.1.3　收益分配主体界定

IPD项目中收益/风险必须共享，并分配给核心项目团队（项目共同控制者）里的所有参与者[147]。在现有的文献里，对IPD项目的收益分配主体的界定不唯一。有的文献将其确定为业主、设计方、施工方，有的文献在这基础上增加了BIM方，有的文献将分配主体加上了供应商或咨询方。具体的总结见表2-2。

表2-2

现有文献中IPD项目收益分配主体的梳理

代表文献	业主	设计方	施工方	BIM方	供应商	其他
[8]、[99]、[141]	√	√	√			
[10]、[15]、[94]、[107]、[148]	√	√	√	√		
[95]	√		√		√	
[93]	√		√		√	√

一般情况下，IPD项目参与者多，在制定收益分配方案时，要对项目的收益分配主体进行充分的、详细的考虑。本书从IPD项目合同组织结构为切入点，对IPD项目参与主体和收益分配主体分别进行分析，确定本书的研究主体。

1. IPD项目的参与主体

实施IPD模式的项目一般是大型项目，涉及的利益相关体多，其组成了一个联盟，以创造项目最大的价值、成功实现项目的功能/价值交付、满足业主的需求作为该联盟的主要目标。下面对参与主体进行分析。

一般来说，IPD联盟里包括两类成员：主要团队成员和关键支持方。

（1）主要团队成员（PTMs，Primary Team Members），在项目全寿命周期内有大量的参与活动，就重大事件进行日常沟通，从而能够对决策程序施加直接影响，对项目参与度非常高。PTMs有业主、设计方、施工方、监理方、咨询方、供应商等，是与建设项目设计建造过程有着紧密联系的参与方。通过对AGC（2007）[139]、AIA（2007）[2]、AIA（2008）[140]中各类合同条款分析可知，IPD模式所涉及的范围主要集中在建设项目的设计与建造过程，对于建设项目的前期投资和后期运营阶段并不涉及。所以，IPD模式的PTMs系统通常包括业主、设计方和总承包商，也可以包括其他的利益相关体。

IPD项目联盟成员的组成见图2-8。

PTMs还在项目中形成了一个核心小组——核心参与方（Key Participants），包括签订主合同的业主、设计方和施工方，以及签署"加入协议"并纳入风险和报酬共享体系的设计顾问和分包商等利益相关者。对项目设计和成本计算影响大的早期参与者被认为是最有价值的。

同时，这个核心参与方组建了项目管理团

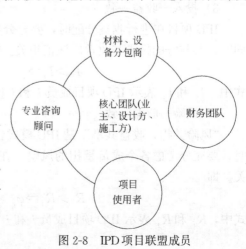

图2-8　IPD项目联盟成员

队（Project Management Team，PMT），一起做决策并解决冲突。PMT 包括业主、设计方和施工方的代表。PMT 为了实现项目目标，对项目的协同规划、设计管理和建设提供执行级指导。PMT 负责审查项目进展，并为项目进展评估制定基准、计量规则或标准。

（2）关键支持方（KSP，Key Supporting Participants），与项目的关系体现在项目的各个阶段，执行的功能比主要参与方更加分散，一般在 IPD 项目的某一阶段是一个至关重要的角色，全过程持续地参与项目。关键支持方包括设计方、咨询顾问、分包商、工艺或服务提供商、银行、保险公司、社会群众、新闻界等，对项目实施有间接的影响。

PTMs 和 KSP 代表项目的内部利益相关者。外部利益相关者包括第三方和扩展利益相关者。PTMs、KSP 和第三方必须与利益相关者打交道，项目才能实现目标。PTMs 在整个项目中都有大量的参与和责任。同时，PTMs 和 KSP 的另一个区别是流动性。PTMs 在项目中是全过程参与，而 KSP 是参与项目的某个特定的阶段。

2. IPD 项目的收益分配主体

IPD 项目的"核心参与方"包括业主、设计方和施工方，三方签订主要合同。设计方和施工方很少能执行全部合同范围的工作，会把部分工作范围委托给分包商和咨询方。设计方可能保留少于一半的总设计费，一些承包商可能根本没有保留自己的工作。如果 IPD 项目想激励实际从事工作的人，它必须明确地聘请分包商和咨询方。而且，如果 IPD 项目要为业主提供足够的缓冲以应对成本超支，分包商和咨询方（或至少是主要参与者）也必须分享风险/收益。合并未签署主要 IPD 合同的关键咨询方和分包商的主要方法有两种：分包协议和联合协议。两者形成合同的组织结构分别是多方合同型（图 2-6）和 SPE 型 IPD 模式（图 2-7）。

在分包协议方法中，关键的 IPD 要素通过主协议（设计方或承包商）进入分包协议（咨询方或分包商）。这些要素包括关键风险和奖励以及任何责任限制及免责条款。分包商或咨询方的风险补偿是其各自主合同的风险补偿的一部分。

在联合协议方法中，主要的分包商和咨询方执行修改 IPD 协议以添加其作为一方的协议。风险/奖励条款将随着关键分包商或咨询方的增加而修改，以反映被添加方在风险中赔偿的数目。如果所有的参与方都加入一个单一的协议（SPE），IPD 协议必须能够调整相应条款，如项目管理过程，以适应参与者的数量和性质的变化。

综上所述，本书所研究的 IPD 收益分配主体是涉及的核心参与方——业主方、设计方和施工方。

业主负责确定项目中必须包含的要求、目标和限制，并积极参与制定和记录项目目标。同时向 PMT 提供有关项目和项目地点的信息，并在整个项目期间为项目管理部门提供支持项目目标的及时决策。设计方负责以符合项目目标的方式设计项目，但设计/建造分包商设计的项目部分除外。施工方负责根据实施文件实施本项目，并以符合项目目标的方式监督、指导、管理和执行施工工作。

2.2 基础理论分析

2.2.1 合作联盟理论及应用

收益分配是虚拟企业、供应链、项目联盟、PPP等领域的关键问题之一。其核心是如何公平合理地在各企业成员间分摊收益。企业联盟本质上是合作博弈问题。博弈论中的多目标多人合作博弈模型是一种解决这类问题比较好的方法。

1. 合作联盟与合作博弈

合作联盟是多个独立的企业为了实现特定的市场机遇而临时组建的合作组织，目标是整合资源、降低交易成本、提高生产效率。在同一个联盟中，各参与方相互协作、目标一致，最终把联盟所得收益按照协议分配给每个参与方。合作各方都满意的收益分配方案，能对联盟的组建、稳定性和良好的运行起到积极的推动作用。

设 $N = \{1, 2, \cdots, n\}$ 为一个博弈的参与者集合，N 的任意子集 S（$S \subseteq N$）称为一个联盟，则可能的联盟数为 2^n，一般将单个参与人的联盟和空集作为特殊联盟。若所有局中人一起合作时，称为大联盟（Grand Coalition）。

合作博弈理论最早由冯·诺依曼和摩根斯顿（1947）[149] 提出，自诞生以来就成为运筹学领域的研究热点。假设收益分配的合作博弈可以由几个合作伙伴组成，并签订一项具有约束力的协议，这个协议可以给他们带来收益[150]。这笔收益的最大值一般称为联盟值。

博弈是具有不同利益的决策者在相互影响、相互作用中做出自己决策的行为和过程。如果在实际的博弈问题中，具有有力的约束或者保障，局中人能够进行相互协商、谈判、共同协作争取联盟的最大利益或最小成本，再把利益或成本系统内部分配，就可以将其视为合作博弈问题。合作博弈是一个正和博弈，不是零和博弈，在博弈过程中，因为整个合作项目的利润将会增加，所以一方的利润增加的同时另一方的利润不会受到威胁。与非合作博弈不同，合作博弈更倾向于增加收益，关注收益增加后的分配结果。合作博弈主要讨论各博弈者达成合作协议后如何分配合作利益，即收益分配问题。同时，在合作博弈中，参与博弈的各企业中任何一方参与度越高，其他参与者的获利也越大，反之亦是如此。

由美国管理协会（American Management Association，AMA）的研究表明，合作可以提高所有供应链合作伙伴的利润，多达3%[151]。IPD可以在以下六大领域内改善项目的成果，即质量、工期、项目变更、收益相关者之间的沟通、环境和项目绩效[152]。同时，参与方对联盟的依赖性是影响收益分配的重要因素[153]。从理念和概念上讲，联盟和IPD都是致力于让各个参与者基于共同的目标团结在一起，风险分担、利益共享。

1）合作博弈的基本概念

合作博弈，是博弈各参与方通过协议、谈判与信息交流来建立彼此信任、基于承诺的机制以实现联合体的Pareto最优。合作博弈概念有如下四条要点：

（1）存在共同的利益。这是合作和联盟的前提。

（2）必要的信息交流。合作博弈强调参与者之间信息交流通畅。

（3）自愿、平等和互利。合作博弈各参与者自愿、平等和互利。

（4）强制性契约。合作博弈中经过谈判后缔结的契约具有很强的约束力。

在 IPD 模式中，各参与方自愿、平等，基于共同的目标（项目成功）组成联盟，分享共同的风险和利益；运用 BIM 技术或者其他方式，彼此间信息共享、相互信任，沟通顺畅，同时共同分担风险，主要局中人之间责任豁免，共享收益，存在着高度信任的合作关系。同时，IPD 模式下各局中人会签订 IFOA 合同，即存在有约束力的可执行契约；组成联盟后，在该项目中会按照合约完成自己的任务，一般不会中途退出。合理的收益分配方式是综合项目交付模式能否顺利实施的关键条件，也是衡量项目是否成功的重要条件之一。显然，IPD 模式中参与方组成的联盟符合合作博弈的四个要点，可以认为此类联盟是合作博弈。

合作博弈是协调博弈者之间的相互合作关系，并对共同创造的效益进行合理分配的数学模型。合作联盟的收益函数即合作博弈的支付值。联盟的分配问题就是合作博弈的解。合作博弈，可视为一套完整的合作行为，该行为实现了合作各方基本的收益目标外，还产生了某些合作的"剩余"，合作博弈解的概念则指向如何分配这份"剩余"，或者分摊合作成本的过程。IPD 模式下企业间的收益分配策略是局中人之间合作竞争中理性选择的结果，这是一个典型的合作博弈问题。

在对 71 个基础设施联盟项目的调查中，采用联盟和商业 IPD 项目取得了类似的积极成果，其中 85％的联盟项目在预算内或预算以下，94％的联盟项目按时或提前完成（Tamburro，2000）[154]。同时，IPD 模式强调参与企业之间的利润函数是趋同的（Liching，2006）[155]。每个参与方都可以看作是合作博弈中的局中人，参与者的利润分配可以看作是基于联盟结构的合作博弈中的收益分配问题。

2）合理分配

在联盟企业中，若有 N 个局中人，令 $N = \{1, 2, \cdots, n\}$，设 x_i 为局中人 i 的支付，存在一个向量 $X = (x_1, x_2, \cdots x_n)$，满足：

$$\sum_{i=1}^{n} x_i = v(N) \tag{2-5}$$

$$x_i \geqslant v\{i\}, i \in N \tag{2-6}$$

其中 $v(N)$ 表示 i 个局中人的总和收益，$v\{i\}$ 表示单个局中人，不与任何局中人结盟时的收益[156]。式（2-5）表明 N 个局中人的支付总和应与全体构成的一个联盟所获得的总支付相等，这表明满足帕累托最优性，称式（2-5）体现了群体理性。式（2-6）表明每个局中人在合作博弈中所获得的支付不应低于其独自经营所获得的支付，称式（2-6）体现了个体理性[157]。将 (N, v) 记为 N 上的合作博弈，满足以上两个条件的向量 $X = (x_1, x_2, \cdots, x_n)$ 称为联盟 (N, v) 的"合理分配"，即有

$$I(V) = \{X \in R^n \mid x_i \geqslant V(\{i\}), \sum_{i=1}^{n} x_i = V(n), i \in N\} \tag{2-7}$$

显然，作为合作博弈的解 X，至少必须是一个合理分配，即 $X \in I(V)$。

IPD 组成的联盟是一个合作博弈。企业经济价值的创造和绩效的提高主要在于企业之间互相依赖的组织结构。在 IPD 模式下的各参与方都是异质性的企业，彼此都是独立、理性的"经济人"，各方都希望建设项目能够成功，希望与 IPD 目标所关联的奖金特别是激励奖增加，从而在项目中获得最大的价值。所获得的价值之和与 IPD 模式下联盟所获

得的支付是相等的，如果项目参与者的收益比任何其他联盟或者个体参与都大，就愿意组成联盟。这体现了群体理性。

联盟中的企业独立经营时，各自利用自身优势，只能获得行业平均利润，无法获得超额利润。即这些联盟企业在合作博弈中获得的支付肯定大于独自参与时获得的支付。这体现了个体理性[158]。回报应该与边际贡献正相关。这一条件定义了稳定联盟形成的标准。如果项目参与者没有获得边际报酬贡献，即使回报大于个人的参与，联盟也是不稳定的，因为参与者发现回报不公平。因此，对参与者的奖励或者报酬，应根据其对项目的贡献度确定。

3）合作博弈的解

合作联盟收益的分配方式称为合作对策的解或者支付向量，在企业间互相依赖与合作的合作联盟中，各参与方的收益函数是收敛函数。合作博弈（N，v）的解主要方法有优超法和赋值法。优超法基本思路是存在一种联盟 S，对于联盟中的每一成员 i，联盟给予的效用将大于其在效用向量中所得到的，即 U_i（S）$>U_i$，$\forall i \in S$。从优超法的思路延伸出了核、核心、仁、稳定集等解的形式。赋值法常见的方法是 Shapley 法、τ 值法、最大熵值法等。Shapley 值分析合作博弈的关系值，是最基本的方法。

Shapley（1953）[156] 提出了一种公理化方法，从而能识别 n 人合作博弈中每个参与人的唯一的支付值，即 Shapley 值。

定义 2.1　合作博弈（N，v），若联盟 $K \in P$（N）满足

$$v(L \bigcap K) = v(L)，\forall L \in P(N)$$

则称 K 为合作博弈（N，v）的承载。

在经典 Shapley 值法中，设有 n 个企业集合 $N = \{1, 2, \cdots, n\}$，企业合作联盟的子集 $S \subseteq N$，$v(S)$ 为 S 组合时联盟的收益，$v(S - \{i\})$ 为联盟 S 中除去企业 i 产生的收益，$v(S) - v(S - \{i\})$ 表示企业 i 对联盟 S 的边际贡献。其考虑的是合作博弈中局中人的边际贡献，即用 $v(S) - v(S - \{i\})$ 进行联盟收益分配。

定理 2.1 在合作博弈（N，v）中，存在唯一的 Shapley 函数值 $\phi_i(v)$：$P(X) \rightarrow \mathbb{R}$

$$\phi_i(v) = \sum_{S \subseteq N; i \in S} \gamma_n^s [v(S) - v(S - \{i\})] \tag{2-8}$$

式中，$\gamma_n^s = \dfrac{(n-s)!\ (s-1)!}{n!}$，$s$ 为联盟 S 的个数，n 为局中人的个数。

Shapley 值满足四条公理：有效性、对称性、哑元性和可加性。

4）策略

策略是博弈论中一个重要的术语。按照《韦氏词典》的定义，策略是为达到一个目标而设计或制定的计划。博弈参与者在给定信息集的情况下的行动规则。一个参与者在整个项目中的一个可行的全局筹划的行动方案，称为该参与者的一个策略。按照"理性人"的假设，博弈双方常被视为同质、无差异的行为主体，企业与企业之间的互动可以理解成两组策略之间的互动与变化，整个博弈的过程可被视为一个标准的最优策略选择过程[159]。Martin Shubik 认为，博弈论中的策略是指对博弈者如何从头到尾进行博弈的详尽描述[160]。

作为理性人，博弈者都有其实际可行的完整的行动方案的选择权和决策权。博弈者的

利益相关性使得各博弈者的策略会相互影响。博弈中任一参与方行动的改变会引起收益的变化，其他参与方会随之改变行为，形成新的博弈局势。

在博弈活动中，出于自身效率的考虑，不断地根据收益政策而改进自己的策略，选择各自的贡献度、资源性投入、努力成本、努力水平、风险分担的意愿等，构成自己的策略，并在 IPD 项目合作联盟中通过竞合关系实现整体效益的最大化时的自身优化策略。策略的选择即是博弈的过程。本书通过将多目标优化与博弈论理论结合，寻求多目标多人博弈中策略组合的最优解。

2. IPD 模式下合作联盟形成动因

联盟是由异质性资源构成的，IPD 项目的合作联盟是异质性参与主体的合作组成的联盟，是本书研究的对象，是由不同企业参与主体为实现某个共同目标而开展的合作行为。合作联盟的成员在契约框架内进行有效的合作。合作博弈重点是研究如何对合作收益进行分配。合作联盟的模式中，各参与方的最终目标是追求自身利润的最大化。因此，在 IPD 项目中，业主方、设计方和施工方等参与主体的行为和决策也是围绕该目标展开。

在 IPD 联盟中，核心参与者的整合被认为是项目成功的重要因素。由于每个参与者只追求自己的合同目标，缺乏整合和团队合作可能会导致生产力和创新低下。同时，对于联盟中的管理者和组织来说，最大的挑战是企业的异质结合、多组织的协作工作、各种工作任务的沟通和信息共享在面对多样化的任务时是否能够真正透明。

IPD 模式下合作联盟的形成动因可以从如下几个方面进行分析：

1）从核心竞争力角度解释

Coombs（1996）[161] 认为核心竞争力是企业能力一个特定的组合，是使企业、市场与技术相互作用的特定经验的积累圈。通过组建合作联盟，整合各合作伙伴的核心竞争力，提高整个产业链的竞争力，与竞争对手形成竞合关系，强强联合，创造"多赢"的效果。IPD 项目的主要参与方，如设计方、施工方、分包顾问、MEP 承包商、幕墙承包商都有着自己的核心竞争力。各个成员以各自核心技术为基础，发挥各自优势，通过优化资源配置并在适当的范围内继续强化其企业核心竞争力形成战略联盟，实现核心竞争力集成，通力合作共同完成一个项目。

2）从交易费用理论角度解释

科斯在《企业的性质》[162] 中谈论了交易费用，指出使用价格机制是有代价的，这种代价至少包括获取信息的费用和谈判、监督约定的费用两大部分。企业不断将外部交易内部化，可降低边际交易费用。因此建筑企业组成了合作联盟后，可以减少履约成本、谈判成本等交易成本。

履约成本包括 IPD 团队成立过程中涉及的各种内部成本，包括监督成本、信息交流成本、风险向其他参与方转移的成本等。内部竞争环境的变化，信息流动顺畅，使得各参与方彼此信任，诚信度比以前强，企业之间的机会主义会减少，同时，由于信息技术的发展，企业间信息交流的成本极大地降低。这些都直接降低了交易成本。

收益分配的方案是合作伙伴达成的协议之一。收益分配确定的过程是核心参与者间讨价还价的过程。组成合作联盟后，参与者成了经济共同体，与项目一荣俱荣；共同努力去完成项目的目标，实现项目的功能/价值交付，从而减少传统交付模式下的谈判成本。

3）从价值链角度解释

企业的价值链实际上是一系列创造价值的生产经济活动的总和，以实现价值、信息等方面的增值。价值链管理的本质是通过优化核心业务流程，降低企业组织和经营成本，提升企业市场竞争力。建筑企业可以将为业主提供产品和服务相关的企业联合起来，形成"增值链"，共享收益，共担风险，实现"双赢"。并通过分析行业价值链各个联结点（主要包括与上游业主和与下游供应商、服务商的关系）寻找降低成本的途径和措施，整合优质企业的各种资源建立价值链，获得联盟绩效及经济效益。

4）从集成理论角度解释

集成是指将两个及两个以上的单元（要素或子系统）集合成一个有机整体的行为和过程。这是按照一定的整合方式和模式进行构造和组合，不是简单的集成单元间的叠加。其目的是极大地提高集成体的整体功能。项目集成管理是为了确保项目各项工作能够有机地协调和配合所开展的综合性、全局性的项目管理工作和过程。包括协调相互冲突的项目目标、选用满意的项目方案、集成控制项目的变更和持续改进项目工作方法等。从集成内容看，综合交付模式是理念集成、技术集成、人员集成、信息集成、过程集成、组织集成、资源集成等。联盟里企业集成的首要条件是有较好的信息交流方法或平台，比如 BIM 技术，管理信息系统、云平台等；其次，合作伙伴的核心竞争力能够满足团队的需要，满足市场机遇的需要；再次，合作伙伴要有较好的信誉，来保证联盟的稳定性。

5）从共生理论角度解释

根据生物学的共生理论，具有内在联系的共生单元形成共生关系，产生"剩余"。"剩余"的积累是系统不断增值和发展的前提。互惠共生、共生进化是共生系统的精髓思想，是整个生物界得以存在的基本规则。

IPD 合作联盟是一个典型的利益共同体，其组建、发展与生命有机体的演化过程相似，为了一个项目，创建一个有价值的新合约，参与联盟的企业是联盟这种共生态的基本经济共生单元[163]，彼此具有独立性和经济诉求，依靠共生组织之间的共同利益关系，使得各个成员的利益在共同利益增加中得到提高。实现互惠共生是共生体的努力方向。合作联盟强调发展合作优势。合作强调联盟成员有共有利益和共同利润的目标（Das 和 Teng，2000）[164]。

项目团队是 IPD 的命脉。在 IPD 中，项目参与者聚集在一起组成一个完整的团队，共同目标是设计并构建一个成功的项目。传统项目交付模式缺少集成，很大程度上因为项目参与方关系"松散"，致使各方之间缺少沟通难以整合分散的资源。IPD 模式为了解决这种松散的问题，采用合作的思想，通过促进参与方之间密切协作，增强各方之间的互信和交流，实现参与方之间信息和资源共享，最终达到集成的目的。

由 2.1.3 节可知，IPD 项目涉及多个参与主体，各自有着不同的职能、责任和权利。在组织管理中必须采用适当的沟通管理形式、方法[165]，比如建立良好的信任机制、进行基于 BIM 的集成化管理，将各参与主体的思想统一到为项目的功能/价值增值，满足业主的需求上来。并对组织中各方关系进行有效管理，使得沟通管理处于顺畅的运行状态。这有助于提升 IPD 成员项目的协作能力、工作效率和项目效益。

2.2.2 委托—代理理论及应用

1. 基本原理

委托—代理理论是信息经济学的基础理论之一，属于微观经济学的范畴，主要研究在利益冲突和信息不对称两个假设条件下，委托人设计有效激励约束机制促使代理人通过参与约束和激励约束实现自身效用的最大化。委托—代理理论的分析框架在现实中也已经得到广泛的运用，涉及社会经济各个层面，涵盖货币政策（Xu，2021）[166]、绩效评价（Smith 等，2005）[167]、公共管理（Milgrom，2008）[168]、PPP 项目风险分担（Shrestha 等，2019）[169]。

因此，委托—代理理论最关注在信息不对称假设下做出最优合约设计（沃依格特，2016）[170]。委托—代理理论从单人向多人、单任务向多任务以及双边道德风险、逆向选择、信息甄别等方向发展。

委托—代理理论是研究授权人和代理人针对具体的项目或者任务，授权人根据代理人提供的服务或者行动，分析解决该问题所面临的环境，找出解决问题的两个约束（参与约束和激励约束）的条件，并在约束条件下求解委托人效用最大化的解。即委托人的问题是根据利益冲突和可观测的不完全信息奖励代理人，以激励其选择对委托人最有利的行动。这实质上是委托人如何设立最优激励合同激励代理人。

在委托—代理理论中，设 A 表示代理人所有可选择的行为组合，$a \in A$ 表示代理人的一个具体行动。令 ε 是外生变量，Θ 是 ε 的取值范围，$G(\varepsilon)$ 和 $g(\varepsilon)$ 分别为 ε 在 Θ 的分布函数和密度函数，在行动 a 下，$c(a)$ 表示行动 a 的努力成本函数，则外生变量 ε 和 a 共同决定了一个可观测的结果 $x(a, \varepsilon)$ 和一个收入（产出）$\pi(a, \varepsilon)$，其中收入（产出）$\pi(a, \varepsilon)$ 属于委托人。

由于委托人和代理人在收入不确定情形下的效用函数并不简单地等同于其在确定性情形下的效用函数。Von Neumann 和 Morgenstern（1944）[171] 证明，期望效用函数能满足当复合函数仅限于正线性变换函数时，具有与原来的效用函数保持同一偏好序的性质。这种性质的效用函数被称为 v-N-M 期望效用函数，因此，本书据此构造委托人和代理人的期望效用函数。

假设委托人和代理人的 v-N-M，期望效用函数分别为 $v(\pi - s(x))$ 和 $u(\pi - s(x))$，其中 $v' > 0$，$v'' \leqslant 0$；$u' > 0$，$u'' \leqslant 0$，$\bar{u}$ 是代理人的保留收入；$c' > 0$，$c'' \geqslant 0$。因此，委托人和代理人均为风险中性者。

将符合委托人利益的最佳行动用 a 表示，a' 是代理人可以选择的行动。那么委托人的问题是引导代理人选择 a 和 $s(x(a, \varepsilon))$ 使得期望效用函数最大化。

委托人的期望效用函数可以表示为：

$$\max_{a, s(x)} \int v(\pi(a, \varepsilon) - s(x(a, \varepsilon))) g(\varepsilon) \mathrm{d}\varepsilon \tag{2-9}$$

委托人和代理人最终达成一致意见的合同，并在合同约束下选择行为，这个合同称为委托代理均衡合同，满足两个条件：

（1）参与约束。代理人履行合同责任后，所得收益不能低于代理人不接受合同所能得到的最大期望效用，这个最大期望收益为保留效用 $\bar{u}$。否则代理人不接受合同，或者寻求与其他委托人的合作，即：

$$\text{(IR)} \int u(s(x(a,\varepsilon)))g(\varepsilon)\mathrm{d}\varepsilon - c(a) \geqslant \bar{u} \tag{2-10}$$

（2）代理人的激励相容约束。代理人总是以自身效用最大化原则选择行动 a，委托人希望行动 a 只是通过代理人效用最大化行为实现。这是"双赢"的理想状态。但由于代理人的行动 a 和努力行为不可观测性，委托人会采用激励条件让代理人采用委托人所希望的行为，来保证委托人的收益。用数学模型表示为：

$$\text{(IC)} \int u(s(x(a,\varepsilon)))g(\varepsilon)\mathrm{d}\varepsilon - c(a) \geqslant \int u(s(x(a',\varepsilon)))g(\varepsilon)\mathrm{d}\varepsilon - c(a'), \forall a' \in A \tag{2-11}$$

Holmstrom 与 Milgrom（1987）[172] 提出了多任务委托—代理关系中的激励和约束模型，它是一个用参数化方法表达简化的一维连续变量一般化模型。

参数化方法是将上述自然状态 ε 分布函数转化为关于 x 和 π 的分布函数。用 $F(x,\pi,a)$ 和 $f(x,\pi,a)$ 分别表示转化后的分布函数及其密度函数。委托人的问题表述为：

$$\max_{a,s(x)} \int v(\pi - s(x))f(x,\pi,a)\mathrm{d}x$$

$$\text{s.t. (IR)} \int u(s(x))f(x,\pi,a)\mathrm{d}x - c(a) \geqslant \bar{u} \tag{2-12}$$

$$\text{(IC)} \int u(s(x))f(x,\pi,a)\mathrm{d}x - c(a) \geqslant \int u(s(x))f(x,\pi,a')\mathrm{d}x - c(a'), \forall a' \in A$$

对式(2-12)，Holmstrom 和 Milgrom 引入了一种求解道德风险问题的方法，称为一阶条件方法。道德风险问题是一个双重优化问题。第一层优化是代理人的激励约束，第二层优化是委托人的目标函数优化。如果代理人的约束解决不了，则整个道德风险问题解决不了。在激励函数是凸函数的条件下，该模型用代理人激励约束的一阶条件代理激励约束，并证明了代理人行为是一个一维线性连续变量，并得到信息不对称时的最优激励合同。

同时，依据阿尔钦和德姆塞茨（1972）[173] 提出的"团队生产"理论，"团队"可以看作是一组代理人，独立地选择各自的努力水平，团队成员会共同创造出一个产出，通过合作，可以得到更好的回报，任何代理人的行为都会影响其他代理人的生产效率，每个代理人对产出的边际贡献依赖于其他代理人的努力，并且不可独立观测。团队生产可能导致个体偷懒，因此需设计一个激励机制，减少经济组织中的"偷懒"和"搭便车"行为，提高组织经济效率和绩效。伊藤（1991）[174] 证明，如果代理人自己工作的努力和帮助同伴付出的努力在成本函数上是独立的，但在工作上是互补的，用激励机制诱使"团队工作"是最优的。Holmstrom 和 Milgrom 模型常用来建立多任务目标下的激励机制（Cui 和 Qu，2020[175]；Xue 和 Wang，2020[176]）。

IPD 模式采用的是利润/收益共享模式，比较适合于合作伙伴数量较少的合作联盟企业。因为如果团队规模过大，无法准确度量每个盟员的边际产出，会造成盟员的消极工作态度，并衍生较多的偷懒行为。IPD 模式无需通过专业的监督人监督团队工作，无法简单地通过监督判断哪些是偷懒行为，而更多是靠团队成员间的彼此信赖与相互激励。

2. 在本书中的应用

本书研究的合同是 IPD 多方合同结构。根据图 2-4(c) 和图 2-6 所示，在此类 IPD 项目中，IPD 模式的委托代理关系主要有两类。一般是业主、设计方和施工方签订主要合同，这是第一类委托代理关系。其他的主要分包商和承包商分别与其签订分包合同，并不是所有的任务都由关键参与者完成，他们会把任务分解，并委托承包给不同的专业分包商，这是第二类委托代理关系。因此，一个 IPD 项目里会有不同类别的委托代理关系。本书研究的是第一类委托—代理关系。

本书在研究努力成本下 IPD 项目收益分配策略时，利用委托—代理理论的 Holmstrom-Milgrom 模型来进行求解与讨论。

2.2.3　风险管理理论及应用

1. 基本原理

Knight（2007）[177] 提出风险是指那些涉及已知概率或者以可能性形式出现的随机问题，但不包括未定量化的不确定性问题。即对于未来可能发生的所有事件，以及每一件事情发生的概率有准确的认识，但哪一种事件会发生却事先不能确定。CII（2013）[80] 将风险定义为潜在的损失或伤害。风险也可以定义为由于不确定性而对项目目标产生不利或有利影响的事件的暴露或偶然发生。很多时候风险可能是相关的，也并不是所有的风险都是不利的事件。

传统的合同里会考虑在利益相关者之间明确和确定风险的责任以及分配风险。但是，所有可能的风险/不确定性开始都是无法预见和量化的。即使是可预见的风险也可能在重要性上发生变化，并可能影响一些其他风险，需要在项目执行期间进行相当大的调整。因此，传统意义上的"完整"合同安排不适合进行全部的风险管理。

在建筑业，风险通常是指潜在的或者实际的威胁或机会，会影响项目计划、施工和工艺调试等这些以成本、进度、质量和安全等形式存在的目标。建筑业中的风险管理是指在项目全寿命周期中，通过对风险的识别与评估，认识和分析风险，并运用科学的技术与手段，对识别出的风险进行有效管理，达到降低成本或者减少损失的目的。风险管理的目标应该是使项目风险的总成本最小化，而不是使任何一方单独承担的成本最小化。IPD 项目风险体现在项目全过程中，风险若不能恰当处置，会造成误工、资金浪费、经济效益低，甚至整个项目失败。

风险管理是一个科学的系统，具有较为完整的管理过程。一般是在风险事件发生之前，在风险决策指导下，对项目建设过程中可能产生的一些情况或者事件进行系统的持续预测及分类，并采取一定预防、消除和弥补措施的一种科学管理方法。风险管理大致分为风险识别、风险评价、风险分担三个关键环节[178]。

1）风险识别

在风险发生前，从根本上对各种有可能存在的风险类型以及对风险发生的原因进行系统了解，因此风险识别是进行风险管理研究的基础。风险识别主要指认知风险和风险分析。由于 IPD 项目从项目开始阶段到项目建设完成，工期长、利益相关者多、风险来源庞大复杂，不确定因素众多。本书综合采用文献分析法、经验分析法、脚本法与 WBS 相结合方法按照风险识别流程进行识别，对风险进行分类，并建立风险集。

2）风险评价

指用定量与定性相结合的分析方法，对已识别的风险的影响程度进行估计和预测，对风险承担的主体进行辨识，建立风险评价指标，分析风险是属于共担风险还是参与方独自承担的风险，为下一步的风险分担奠定基础。

3）风险分担

指风险因素发生时，按照风险管理计划中的具体措施，将风险分配给不同参与方，以减少损失。与传统项目交付方式不同，IPD项目的风险管理不是致力于将风险在各个参与方间转移，而是希望在项目各参与方间建立良好的互利共赢的合作关系，通过合理的风险分担机制实现各方的风险共担和利益共享。本书进行风险分担的主要对象是共担风险。

2. 在本书中的应用

本书在分析风险分担时运用风险管理的理论进行风险识别、风险分类、共担风险的确定等。

（1）IPD项目风险识别与分类。IPD项目风险系统庞大复杂，本书综合采用文献分析法、经验分析法、情景分析法与WBS相结合进行识别，建立风险集。

（2）IPD项目风险分担。在建立IPD项目风险评价指标的基础上，用改进结构熵权法确定共担的关键风险，FAHP法确定风险指标权重，三角模糊数结合TOPSIS法计算贴近度，再结合模糊贴近度的多目标分类方法，确定各参与方的风险分担系数。

2.3 主要研究方法的对比分析

根据第1章的分析，本书的研究内容包括IPD项目单个因素下的收益分配策略和综合因素下收益分配策略，将会涉及多属性理想点决策方法、多属性级别高于关系排序方法和综合因素下收益分配方法。因此，本节将依次把这三方面的研究方法进行对比分析。

2.3.1 多属性理想点决策方法

决策方法是按照一定的准则集结方案决策信息，并对方案进行排序、优选从而为最终决策提供智力支持的重要工具。随着决策科学的迅速发展，决策理论和技术的产生、数学模型纷纷涌现，推动决策方法朝着科学性、合理性、实用性、多样性、民主性的方向发展。

从数学规划角度看，多属性基于理想点的决策方法包含TOPSIS法、密切值法、LINMAP法、物元分析法[179,182]等。

1）TOPSIS法

TOPSIS法是多属性决策分析中一种常用的有效方法，又称为优劣解距离法。即根据各个评价对象与最优方案和最劣方案间的距离，获得评价对象与理想化目标的接近程度进行排序的方法，以此进行相对优劣的评价，是一种逼近于理想解的排序法。该方法对数据分布和样本的大小没有要求，数据计算简单、可操作性、拓展性强。

TOPSIS 法算法步骤如下：

（1）构建多属性问题的决策矩阵 A，并将其成规范化矩阵 Z。

（2）构造规范化的加权矩阵 Z^*

$$Z_{ij}^* = W_j \cdot Z_{ij}, (i=1,2,\cdots n, j=1,2,\cdots m) \qquad (2\text{-}13)$$

（3）确定理想解和负理想解

$$Z^+ = (Z_1^+, Z_2^+, \cdots Z_m^+), Z^- = (Z_1^-, Z_2^-, \cdots Z_m^-) \qquad (2\text{-}14)$$

（4）计算每个方案到理想点的距离 d_i^+ 和到负理想点的距离 d_i^-。

（5）计算每个方案接近理想解的相对贴近度

$$D = \frac{d_i^-}{d_i^- + d_i^+} \qquad (2\text{-}15)$$

（6）按照每个方案相对贴近度大小进行排序和决策。若某个可行解最靠近理想解，同时又最远离负理想解，则此解是方案集的满意解。

2）密切值法

密切值法与 TOPSIS 法比较类似。用密切值法定义"接近程度"时，考虑当前评价对象与最优、最劣解的距离[180]，以当前各评价对象距离最优解的最小距离、最劣解为比照，进行自身对照，综合评价其"接近程度"。密切值越小，表明评价对象越优。

3）LINMAP 法

LINMAP 法一般称为多维偏好分析的线性规划方法，是一种基于方案偏好信息的线性规划分析方法[181]。决策者对给定的备选方案成对进行比较，结合群体一致度和不一致度的定义，并构造一个估计与正理想点和权重向量的线性规划模型，然后估算备选方案与理想方案之间的平方距离向量，并对方案的优劣进行评价，得到所有评价对象的偏好序。

4）物元分析法

物元分析法用"事物、特征、量值"三个要素描述事物，以对事物做定性和定量分析与计算。定义事物的名称 P，事物的特征 C，特征的类别或量值用 Y 值反映，它们构成了有序三元组（P，C，Y），相应的物元 R。

物元分析法的步骤如下：

（1）建立物元矩阵 R；

（2）确定经典域 R_j 与节域物元 R_p；

（3）第 j 等级的第 i 特征值关联度函数 $K_j(Y_J)$ 计算[182]；

（4）确定各评价指标的权重 w_i；

（5）确定待评估单元对于各等级 j 的综合关联度 $K_j(P_0)$。

$$K_j(P_0) = \sum_{i=1}^{n} w_j K_j(y_i) \qquad (2\text{-}16)$$

将关联函数 $K_j(Y_J)$ 与相应的归一化权重 w_i 相乘得到的各指标的隶属函数加权计算综合关联度 $K_j(P_0)$，哪个等级的综合关联度大，该评价指标就属于哪个等级。

通过对于几种常见的多属性理想点决策方法原理的分析，特点总结如表 2-3 所示。

常见多属性理想点决策方法分析 表 2-3

决策方法	优点	缺点	典型研究文献
TOPSIS 法	结果直观，可对方案进行排序，模型拓展性强	易受异常值干扰，只能得到方案排序	[6]、[8]、[87]、[100]
密切值法	原理简单，不需要主观赋权	对指标不进行加权处理	[180]、[181]
LINMAP 法	通过决策人对方案的成对比较来确定其权值和位置	只能得到方案排序	[181]、[183]
物元分析法	可用于不确定性的评价对象，易于从变化的角度识别变化中的事物	实测数据要在节域的范围内，关联函数形式不统一，难以通用	[179]、[182]

综合以上分析，与其他多属性理想点决策方法相比，TOPSIS 法更适用于本书的 IPD 项目风险分担研究。

（1）TOPSIS 与密切值评价方法原理类似，方法相近，评价结果也基本上不矛盾，但是根据 TOPSIS 法得出的指标一定是正数，且其相似度形式便于解释，但是该法灵敏度不够，且易受异常值干扰。另外，由于密切值法不对指标进行加权处理，无法凸显各个评价指标的重要程度，另外需要对当前所有评价对象先进行距离度量，再选取度量值作为标准，意味着对于具有较大动态性的数据的评价，若采用密切值法，每次数据变化，需要重新进行数据比对，工作量大。由于密切值较于 TOPSIS 并无明显优势。

TOPSIS 法的可拓展性较强，可以与其他方法结合来研究问题。因此，在评价方案选择时，TOPSIS 法使用范围很广。

（2）采用 LINMAP 法对备选方案进行排序时，LINMAP 法的优点在于不是事先给出理想解，而是通过决策人对方案的成对比较来确定方案的权值和排序，这样避免了决策者主观赋权的不准确，加强了结果的精确性和可靠性[183]。

（3）物元分析法通过物元变换可以解决指标之间的不相容问题，能将复杂问题抽象为形象化的模型，并建立事物多指标性能参数的质量评定模型，但是使用该方法时，评价指标的权重不易确定。

Wang（2021）[184] 用 VOS viewer 和 CiteSpace 等文献分析工具，对 1980—2019 年间发表的与不确定群体决策有关文献进行了计量分析。研究表明，由于 TOPSIS 方法可以有效地协调多属性之间错综复杂的关系，并避免预设决策或评价等级的困难，因此该方法近 40 年来被广泛运用于不确定群体决策研究中。

在 TOPSIS 法运用过程中，合理确定指标权重是 TOPSIS 综合评价法的关键。在进行风险分担评价指标权重研究时，可通过调查问卷得到基本数据，在建立评价矩阵后若用 AHP 法进行分析，数据不一定能全部满足一致性检验。如果重新设计、发放调查问卷，收集问卷结果，会使得过程非常复杂与拖沓。因此本书采用 FAHP 法确定评价指标权重。同时，调查问卷有一些是模糊语言的回答，需要将 TOPSIS 法进行拓展，用三角模糊数将专家的模糊语言定量化。

因此，本书通过模糊数学结合多目标决策方法，采用 FAHP 三角模糊 TOPSIS 法对 IPD 项目风险分担进行研究，使各个项目参与方都以最优的条件下进行风险分担，找到风险分担最佳点，在成本和收益之间找到平衡。

2.3.2　多属性级别高于关系排序方法

与传统的多属性决策方法相比,级别高于(级别不劣于)关系最典型的特点是考虑了偏好的不可比性和决策者的弱偏好型。在多属性赋权确定时,通过一定的方式对决策信息进行集结,并对基于级别方案进行排序择优的常用方法主要有有序加权平均法、ELECTRE 法[185,186]、PROMETHEE 法[187,188]、PCA-LINMAP 法[189,190,193] 等。

1)有序加权平均法

有序加权平均法是根据属性值的大小重新排列属性的顺序,再根据属性值所处的位置进行加权聚合处理,其核心思想如下[191]:

设 $F: R^n \rightarrow R$,则

$$F_w(x_1,x_2,\cdots x_n) = \sum_{j=1}^{n} w_j y_j \qquad (2\text{-}17)$$

式中, w_j 是第 j 个指标的权重, F_w 称为 n 维有序加权平均算子。可以看出,权重的大小与元素无关,只与集结过程中的位置有关。

2)ELECTRE 法

1966 年,法国学者 Benayoun、Roy 和 Sussman 为解决离散类型的多属性决策问题,提出了 ELECTRE(Elimination Et Choice Translation Reality)方法,其基本思想是建立一种较弱的次序关系,即级别高于关系,先削减一部分候选方案,逐步地缩小方案集,直到决策者可以凭借直觉进行选择的范围,再把剩余的候选方案排出先后顺序,或者把全部的备选方案排列成序,从而得到最满意的方案。所以该法又叫作消去和选择转换法。

ELECTRE 法是利用一种更弱的序列关系解决多目标决策的方法。这种基于二元关系的弱序关系,能从有用资料中获取决策者的偏好,即级别不劣于关系(Outranking Relationship)。它是基于决策者的价值判断建立起来的,重点在于建立"级别高于"偏好,但不能详细描述方案的优劣程度,所以对于决策矩阵的信息并未充分利用。

3)PROMETHEE 法

Brans 等(1984)[192] 提出的 PROMETHEE 法也是建立在"级别高于"偏好基础上的。它是一种简单、含义明确的多目标排序方法。由于该方法无需对评价数据进行归一化处理,可以一定程度上避免信息的丢失和失真,方法简单好用。

利用不劣于关系定义每个方案的"流入量""流出量"和"净流量"。一般属性的偏好函数的两个要素是 d 和 $p(d)$。

$$d = g_i(A) - g_i(B) \qquad (2\text{-}18)$$

d 表示两个方案 A、B 在某一属性 i 上的属性值之差, $p(d)$ 为偏好函数值,是一个值域为 [0,1] 的优先函数,表示一个方案较另一方案好的程度。函数值越小,表示两个方案在该属性上的差异越小。 $p(d)=0$,表示两个方案 A、B 在属性 i 上表现无差异。 $p(d)=1$,表示方案 A 在属性 i 上严格优于另一方案 B。因此,PROMETHEE 法可以在备选方案集上建立全序关系。

4)PCA-LINMAP 法

常见的 PCA 法(Principal Component Analysis,主成分分析法),是从原始变量中提

炼出较少的几个主成分，在尽最大限度储存原有信息的同时，揭示多个变量间的内部结构，彼此间又互不相关。LINMAP法是决策者根据方案成对比较的结果，以及这种判断与加权距离模型的一致性程度，对方案进行排序。但是方案两两比较的结果需要用别的研究方法得到。

因此，PCA法的局限性在于只能通过降维，减少变量，得出主成分的权重，而无法确定原始指标的单个权重，但可以利用主成分决策矩阵求得综合评价值，进而求出方案的优劣序对。而LINMA方法的基础在于要事先获得决策人对方案的偏好，即很大主观性的方案优劣序对，以此为基础，便可以计算出各指标的权重。PCA-LINMAP耦合赋权法正是充分发挥PCA和LINMAP两种方法的优势，将客观信息与主观判断相结合与有效集成，将人为主观因素降到较低的程度，为准确进行系统评价提供一种有效的方法。

PCA-LINMAP耦合赋权法计算步骤如下：

（1）根据原始数据建立初始决策矩阵，并进行数据归一化处理得到矩阵R；

（2）计算R矩阵的特征值和特征向量；

（3）得到主成分分析结果；

（4）对各个方案得到有序对集Ψ；

（5）将Ψ代入LINMAP模型中，求出各个指标的权重平方值向量W；

（6）算出各指标权重。

PCA-LINMAP法详细的计算方法将在5.2.2节中具体分析。

以上几种方法通过构建一种较弱的二元关系，两两比较，得到方案的排序。加权线性平均法和有序加权平均法主观性较强。ELECTRE法主要用于指标比较多的情况，而本案例中只有四个指标。PROMETHEE对评价指标要求低，无需进行数据归一化处理，避免了因为数据预处理导致的信息缺失和结果偏离，但是其优先函数不好选择。LINMAP法需要确定决策者的偏好即方案的优劣序后，再进行权重的计算。PCA法主要是根据指标本身所包含的信息量的大小来确定指标权重，可以减少人为主观因素的干扰，而且理论依据较强，但该方法侧重点在减少指标维度。因此，可以选用PCA法来确定决策者的偏好后，再用LINMAP法来计算指标的权重[193]。

因此，本书采用PCA-LINMAP耦合赋权法，确定各局中人的谈判力，为最终的收益分配比例方案提供支撑数据。

2.3.3 综合因素下收益分配方法

前面1.3.3节中已经对综合因素下收益分配文献进行了梳理，目前较常用的收益分配方法主要有五类，分别是修正Shapley值法、满意度法、仿生优化群算法、矢量投影法、多目标多人合作对策Nash谈判解。本节通过对这几类方法的对比分析来选择最适合IPD项目的综合因素下收益分配方法。

1）修正Shapley值法

Shapley值是合作博弈解之一。将n个盟员组成的联盟看成一个多人合作对策问题，联盟伙伴的收益分配问题就是多人合作对策的解。Shapley值法是收益分配方案常用的方法[194]，基于各参与方对合作联盟的边际贡献，遵循收益分配公平兼顾效益基本原则，确定各参与方收益分配比例。有的学者会考虑用影响收益分配的投入、风险、合同执行度等其他因素去修正 Shapley 值，再进行收益分配。

2）满意度法

满意度法是从多个角度考虑，将多目标问题转化为单目标优化问题求解。通过对各相应的值进行几何平均计算，经过极大化处理，找到一组使得多个响应主体整体满意度最高[104]。

这种方法是用固定权值把多个响应加权计算综合指标。但是在整个过程中综合指标会受到多个响应的交互作用影响，各响应之间可能存在着关联关系，很难将各个响应严格区分开。

3）仿生优化群算法

这是为了解决复杂、大规模的优化问题发展出来的新方法，是通过模拟自然界已知的生物进化机制和理论，构造并设计出优化的方法。常见的仿生优化群算法主要包括布谷鸟搜索法[107]、粒子群算法[108,109]、细菌觅食优化算法[195]、杂草算法、人工蜂群算法[196]、灰狼算法[197]、鸡群算法[198]、烟花算法[199] 等相继被提出，这些算法均是解决多约束条件下，多目标函数求最值的复杂优化问题，已经成为智能优化、智能控制和图形识别等领域应用研究的工具。

这些算法在使用过程中，无论使用何种数学替代模型，其参数选择和修正过程都需要优化算法进行搜索目标函数。而参数的设定与修正源于大量数据的训练。而在 IPD 项目中，由于核心参与方较少，训练样本生成和参数设置时会遇到障碍，这样会影响仿生优化算法的路径选择与调整，从而影响最终搜寻结果的收敛性和准确性，有鲁棒性较差、易早熟而限于局部最优的特点。

4）矢量投影法

在合作博弈中，有的学者用矢量投影法来建立收益分配方案。该方法把不同的参与主体映射为合作博弈中的局中人，将评价对象看作 n 维空间中的一些点，并将这些点与空间原点连接构成向量。则向量之间的贴近程度表示对应方案之间的贴近度。

假设有两个向量 $\alpha=(\alpha_1, \alpha_2, \cdots, \alpha_m)$ 与 $\beta=(\beta_1, \beta_2, \cdots, \beta_m)$，夹角为 θ[200]，则：

$$\cos\theta = \frac{\sum\limits_{j=1}^{m} \alpha_j \beta_j}{\sqrt{\sum\limits_{j=1}^{m} \alpha_j^2} \cdot \sqrt{\sum\limits_{j=1}^{m} \beta_j^2}} \tag{2-19}$$

两个向量越接近，夹角 θ 越小，$\cos\theta$ 越大（$0 \leqslant \theta \leqslant 180°$）。一个向量由模和方向两部分组成，矢量投影法通过向量之间的夹角余弦值和向量模全面反映向量之间的贴近程度。则向量 α 在 β 的投影定义 $\mathrm{Prj}_\beta(\alpha)$ 越大，表明向量 α 与 β 的接近程度越高[201]。假设向量 β 为理想方案，$\mathrm{Prj}_\beta(\alpha)$ 越大，说明备选方案 α 越接近理想方案，则备选方案 α 越优。由此，可以给所有备选方案进行排序，从而得到最优方案。

5）多目标多人合作对策 Nash 谈判解

冯·诺依曼和摩根斯顿在 1944 年提出了谈判的概念，并认为合作对策的解可以在谈判集中达到。Nash 谈判解是 Nash 在 1953 年研究合作对策解的问题时提出来的，采用数学公理化方法，在完全信息条件下解决谈判问题的策略分析模型，操作性较强，是解决谈判问题的有效方法[202]。基于多人讨价还价的博弈思想，通过联盟各参与方的策略选择和讨价还价能力进行收益分配或者成本分摊。该方法的目标是每个成员的收益最大化或者成本最小化，通过纳什积函数来体现。

（1）多目标多人合作对策 Nash 谈判公理

在多人对策中，如果局中人在对策之前或是在进行对策的过程中可以与其他局中人采取任意的合作方式参与博弈与对抗，则称为多目标多人合作对策。它主要研究局中人应该以怎样的合作方式参与对策才能获得更好的收益（支付值）。与此相反，如果局中人不允许有任何方式的信息交流或达成某种合作的协定，这样的对策就称为多目标多人非合作对策。

定义 2.2 把用数学模型 $\Gamma_{NM}=(P;S_l;u_l(l\in N))$ 表示的对策叫作多目标多人合作对策。

其中 $P=\{1,2,\cdots,N\}$ 是参与对策的局中人的指标集，$S_i=\{\alpha_{l1},\alpha_{l2},\cdots,\alpha_{lm_l}\}$ 为局中人 P_l 的纯策略集合。若某个局中人 P_l 选用任意的一个策略 $\alpha_l\in S_l$ 时，则形成一个对策局势 $\alpha=\{\alpha_1,\alpha_2,\cdots,\alpha_N\}$。局中人 P_l 在局势 α 下获得的第 k 个目标的支付值为 $u_l^k(\alpha)(k=1,2,\cdots,M)$。将 P_l 在局势 α 中的所有 M 个目标的支付值记为 $u_l(\alpha)=(u_l^1(\alpha),u_l^2(\alpha),\cdots,u_l^M(\alpha))^T$。

将 $\Gamma_{NM}=(P;S_l;u_l(l\in N))$ 所有可行支付值向量记作集合 $U=\{u|u=u\{\alpha_1,\alpha_2,\cdots,\alpha_N\},\alpha_l\in S_l(l\in N)\}$。通常取局中人不进行合作时所获得的支付值向量为谈判的现状点 $\bar{u}\in U$。该谈判问题记为 $(U,\bar{u})$。把仲裁程序 ϕ 定义为从 $\bar{u}$ 和 U 到 U 中某点 u^* 的一个映射，即有 $u^*=\phi(U,\bar{u})$，称 u^* 为多目标多人合作对策 Γ_{NM} 的 Nash 谈判解，它为经过仲裁（即讨价还价）所得到的一个能为所有局中人共同接受的支付向量。

纳什对二人合作对策问题提出了六条公理，认为只要局中人都同意遵守该公理体系，在不存在真实仲裁人的状况下，可以达成一个双方都满意的谈判结果[203]。豪尔绍尼进一步推广到局中人超过三的多人的合作对策。下面针对 Γ_{NM} 引出相对应的 Nash 谈判公理体系[204]。

公理 2.1 （个体理性）Nash 谈判解 u^* 至少不比谈判现状点 $\bar{u}$ 差，即 $u^*\geqslant\bar{u}$[205]。

公理 2.2 （可行性）Nash 谈判的唯一理性解 u^* 在可行集内，即 $u^*\in U$。

Nash 谈判解 u^* 应该是可以实现的，也是局中人确实能够获得的支付值向量。

公理 2.3 （Pareto 最优性）如果 $u'\in U$，且满足 $u'\geqslant u^*$，则 $u'=u^*$。

如果存在某个 $u'\in U$，使得在 u' 中至少有某个局中人在某个目标的支付值上比在 u^* 中有所提高，同时没有损害其他局中人的收益，则显然 u' 比 u^* 好，从而 u^* 将不是 Γ_{NM} 的 Nash 谈判解。

公理 2.4 （无关方案可去性）如果 $u^*\in Z$，$Z\subseteq U$，则 $\phi(\bar{u},Z)=\phi(\bar{u},U)=u^*$。

如果新增谈判局势，形成一个新的谈判问题 $(U,\bar{u})$，则 $(U,\bar{u})$ 中新谈判局势与谈判结果无关。

公理 2.5 （线性变换的不变性）设 X 是 U 经过线性变换得到的可行集：$x_i=a_iu_i+b_i(l\in N)$，其中，$a_l>0$ 为常数，$b_l=(b_{l1},b_{l2},\cdots,b_{lM})^T$ 为常数变量。如果 $\phi(\bar{u},U)=u^*$，则 $\phi((a_1\bar{u}_1+b_1,a_2\bar{u}_2+b_2,\cdots,a_N\bar{u}_N+b_N)^T,X)=(a_1u_1^*+b_1,a_2u_2^*+b_2,\cdots,a_Nu_N^*+b_N)^T$。

对于任意的局中人 P_l 和 P_r（l，$r \in N$），如果有

$$(u_1, u_2, \cdots, u_{l-1}, u_l, u_{l+1}, \cdots, u_{r-1}, u_r, u_{r+1}, \cdots, u_N) \in U$$

则有（u_1，u_2，$\cdots$，u_{l-1}，u_r，u_{l+1}，$\cdots$，u_{r-1}，u_r，u_{r+1}，$\cdots$，u_N）$\in U$。反之也成立，则可以把这样的 U 称为对称可行集。

公理 2.6（对称性）设 U 是对称可行集，如果 $u^* = \phi(U, \bar{u})$，且对任意的局中人 P_l 和 P_r（l，$r \in N$），都有 $\bar{u}_l = \bar{u}_r$，则 $u_l^* = u_r^*$。

公理 2.6 体现了公平性原则。即任意两个局中人不仅是在地位、实力、策略等上相当，而且在谈判的基点上也完全一致，那么最后达到的谈判结果就应该相同。

（2）多目标多人合作对策 Nash 谈判解

定理 2.3 对于多目标多人合作对策 Γ_{NM} 总存在满足公理 2.1～2.6 的 Nash 谈判解 $u^* = \phi(U, \bar{u})$。

多目标多人合作对策 Γ_{NM} 的 Nash 谈判解 $u^* = \phi(\bar{u}, U)$ 的求解类似于二人合作对策问题的 Nash 谈判解的求解，可以通过求解下面的非线性规划，即

$$\max\left\{\prod_{l=1}^{N}\prod_{k=1}^{M}(u_{lk} - \bar{u}_{lk})\right\} \tag{2-20}$$

$$\text{s. t} \begin{cases} u_{lk} > \bar{u}_{lk} & (l=1,2,\cdots,N; k=1,2,\cdots,M) \\ u \in U \end{cases}$$

式中，$\bar{u}_{lk}$（$l=1$，2，$\cdots$，N；$k=1$，2，$\cdots$，M）是局中人 P_l 关于目标 f_{kd} 的现状支付值，或者是局中人事先确定的支付值的谈判底线。

多目标多人合作对策 Nash 谈判解，是最终的收益分配结果。Nash 谈判模型考虑了合作联盟中公平与效率的原则，但是未考虑联盟中各参与方的地位差别。可是实际中 IPD 项目收益分配由于各参与方的异质性和工作任务的差异，导致在谈判时，各方地位不尽相等。因此，本书对传统的多目标多人合作对策 Nash 谈判进行改进以符合项目的实际情况。

通过以上对几种建设项目中常见的综合因素下收益分配方法原理的分析，特点总结如表 2-4 所示。

建设项目中收益分配的方法比较　　　　　　　　　　　　　　表 2-4

收益分配方法	优点	不足	典型研究成果
修正 Shapley 值法	计算简便，能求出兼顾公平与效率的收益分配方案	未考虑各参与方投入和承担风险等差异性，体现的是一种"平均"的贡献分配	[98-102]
满意度法	计算简便，考虑了各响应主体的极值，能让参与方满意	未考虑各个指标的交互作用影响，各方对项目重要性程度确定时主观性太强	[103-106]
仿生优化算法	能够得到全局最优解	不适用于指标少的情况	[107-109]
矢量投影法	计算简便，可以算出各分配方案中的最优解	未考虑各个指标的交互作用影响	[116]、[200]、[201]
Nash 谈判模型	适合联盟实力相当的情况。追求各参与者的收益分配最大化。考虑了成员间的相互竞争	谈判力不易确定	[110-115]

由于 IPD 项目收益分配问题本质上是多属性决策问题，因此基于以上方法的对比，

在吸收学者研究成果的基础上，本书选择基于多目标多人的改进 Nash 谈判模型来构建 IPD 模式综合因素下的收益分配策略：

（1）由于建设项目的复杂性，影响 IPD 项目收益分配因素和 IPD 项目中参与者均呈现多元化。因此，收益分配策略是一个多维、多属性的决策问题。Nash 谈判模型是一个多目标多人的合作博弈模型，尤其适合解决此类问题。

（2）将 Nash 谈判模型进行改进建立不对称 Nash 谈判模型，作为不对称衡量的因素——谈判力，在确定时可以较全面地考虑影响 IPD 项目收益分配的因素之间的影响，更加符合 IPD 项目的实际情况。

（3）修正 Shapley 值法、满意度法、仿生优化算法、矢量投影法等常见的其他几种收益分配方法，均未考虑各个因素和各个响应主体之间的交互作用的影响，不符合 IPD 核心收益分配主体之间工作的整体性、连续性和前后的因果关系。

2.4　IPD 项目收益分配策略框架

经过前面 2.1.3 节分析，确定了 IPD 项目的核心参与方为业主、设计方和施工方，三者签订多方合同，在早期组建团队并介入项目，一起协调创新、共同决策，同时加强设计阶段管理，有效控制造价，并在项目建设阶段共同控制和管理项目。期间，遵循收益分配的公平性、有效性，基于信息管理平台信息共享，彼此间信任，并有着共同的目标，信守承诺，达到项目的成功。基于共享风险/收益的基本原则，在核心参与方间进行收益分配。因此，本书建立 IPD 项目合作联盟的收益分配策略思路总体框架，具体如图 2-9 所示。

收益分配问题是 IPD 项目成功实施的至关重要的因素。但由于联盟"个体理性"的特点和"经济人"的假设，各个收益分配主体在收益过程中会存在冲突和矛盾，可能使合作或者谈判的破裂，导致项目不能顺利实施。同时，在项目实施过程中，伴随着联盟成员贡献的变化、投入的多少、风险的变化、各自努力程度的变化，使得项目呈现动态性、开放性，体现了不同的策略，并且与项目形成不断的反馈，收益分配的结果会影响参与者在项目中的状态，不同的状态又会给参与方带来不同的收益。

因此，在 IPD 项目全过程管理中，应该根据项目的特点，选择合理的收益分配方案，在各个分配主体间建立动态的过程，使其能够根据项目的进展和实际现状进行合理的协商、谈判、调整，从而更好地体现收益分配的公平、公正和有效性，促进各方良性改进工作方法和工作态度、顺利地完成项目。

在项目的规划阶段，先按照联盟的预期收益，结合联盟收益分配要素，考虑四个单因素，按照不同的模型求解思路，建立初始的分配方案。在项目的建设阶段，随着项目的进行，期间各参与方的贡献度的变化、资源性投入的实际投入，努力行为的操作和风险在各参与方的实际分配，会带来项目收益的变化，这是按照不对称 Nash 谈判模型进行收益的谈判与协商的过程，随着项目建设期的完成，项目取得成功，收益分配方案会进行调整，并最终确定的一个过程。这也使得收益分配方案不断地趋于公平和有效。提高各参与方的满意度，提高积极性，正向激励各参与方，使 IPD 项目功能/价值增值。

综上，本书建立 IPD 项目合作联盟的收益分配总体策略，具体如图 2-10 所示。

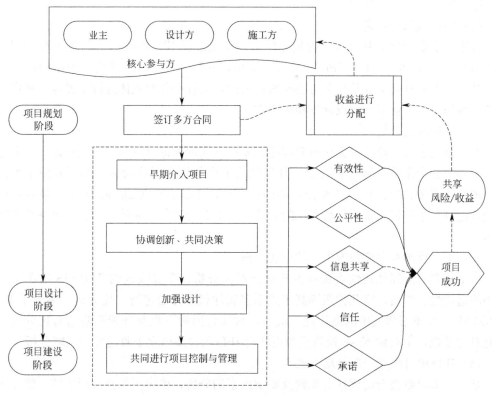

图 2-9 IPD 项目合作联盟的收益分配策略思路总体框架

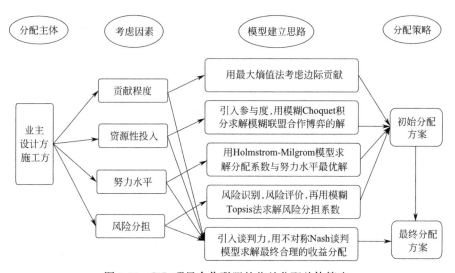

图 2-10 IPD 项目合作联盟的收益分配总体策略

2.5 本章小结

本章主要对研究的核心概念、研究理论展开了分析，对主要研究方法进行了对比，从而奠定了理论和方法的基础。

（1）核心概念的界定

首先，本章分析了 IPD 模式的核心概念。先梳理了 IPD 模式产生的背景和动因，分析了 IPD 框架的两个层面，IPD 三种组织结构，并与其他交付模式的组织结构进行了比较；其次，本章分析了收益分配主要要素；最后，对收益分配主体进行了界定，确定为三个核心参与方——业主方、设计方和施工方。

（2）基础理论分析

本章概述了三个理论：合作博弈理论、委托—代理理论以及风险管理理论。首先分析了合作联盟、合作博弈的基本概念和 IPD 模式下合作博弈形成动因。然后介绍了委托—代理理论及用参数化方法表达委托人的问题——Holmstrom-Milgrom 模型。最后对风险管理理论进行了分析，重点剖析了风险管理的三个关键环节：风险识别、风险评价和风险分担。

（3）本书所涉及主要研究方法的对比分析

本章首先对多属性理性点决策方法进行对比分析，彰显改进的 TOPSIS 法在本书研究中的适用性。然后，将几种级别高于关系多属性权重方法进行对比分析，突出了 PCA-LINMAP 法在本书研究中的适用性。最后，对综合因素下收益分配策略的对比分析，经研究对比发现，不对称 Nash 谈判模型更适合 IPD 项目多因素下收益分配策略分析。

（4）IPD 项目收益分配策略框架

基于前面对收益分配模式、原则及影响因素的分析，确定了收益分配主体，建立了项目合作联盟的收益分配思路及收益分配整体策略框架。

第 3 章

IPD 项目收益分配影响因素挖掘

IPD 模式的成功离不开相应的收益分配机制。IPD 模式强调盟员的高效合作，而每个盟员都是有自身利益的独立主体，合理地考虑盟员在合作联盟内的收益分配问题，制定公平的收益方案成为国内外研究的焦点，也是 IPD 模式得以顺利进行，取得项目成功的关键因素。

收益分配受到各方投入、贡献、努力水平、风险分担等诸多因素的影响。收益分配影响因素的确定是进行收益分配研究的基础问题，然而该问题的研究不够系统化和全面。因此，本章将采用可视化知识图谱分析法和质性研究方法之一——扎根理论系统地对收益分配影响因素进行文本挖掘和研究，建立 IPD 项目收益分配的理论基础框架。

3.1 收益分配影响因素的数据与分析方法

3.1.1 数据来源

由于 IPD 模式应用时间还比较短，国内外学者对其研究也有限，IPD 模式是一个合作联盟，因此虚拟企业、动态联盟、供应链等相关的领域对收益分配的研究思路和研究方法都可以借鉴。本章选取中文社会科学引文索引（CSSCI）中，以"收益分配"或"利益分配"为关键词，年限设置为 2000 年 1 月—2021 年 8 月，同时，为保证文献的权威性和质量，文献来源选为"CSSCI"，共检索出 1122 篇文献，剔除了土地增值收益分配、全球贸易价值链的收益分配、产学研研究等与 IPD 模式相关度较低的期刊论文、会议论文等文献后，最终选取了 482 篇文献作为 CiteSpace 软件的研究样本。

3.1.2 分析方法

本章首先利用 CNKI 的计量可视化功能，对收益分配（利益分配）的文献，进行年度发文量统计分析、主要主题和次要主题这三个方面初步分析。然后利用 CiteSpace 软件对收益分配（利益分配）的文献分别进行关键词共现分析、关键词聚类分析、文献共被引分析和作者共被引分析。最后在高被引文献整理信息的基础上，运用扎根理论进行收益分配影响因素文本挖掘，对影响因素进行概念性的分析。

　　CiteSpace 软件是由陈超美博士开发的基于共引网络理论的 Java 语言应用的软件，是一种科学知识图谱中的引文分析理论的工具[206]。该软件用可视化图形展现某一领域的知识结构关系以及学科前沿、通过统计数据构建引文图谱，辅助用户挖掘、分析学科的发展路径，并通过关键词共现、关键词聚类、主题领域共现和凸现检测用大数据分析研究领域的热点和趋势。

3.2　收益分配关键词整体研究

3.2.1　年度发文统计分析

　　首先对收集到的 1122 篇文献年度发文进行统计分析，绘制出折线图，如图 3-1 所示（2021 年度的发文量是预测值）。可以看到对收益分配的研究热度随时间的变化过程。总体来说，在 2000—2020 年度内，关于收益分配（利益分配）在北大核心期刊内的发文量呈现稳步上升的趋势。在 2000—2008 年，属于高速增长阶段，年增长率最高时达到217％，在 2008 年达到了顶峰，虽然在 2009 年发文量略有下降，但是其后各年一直处于平稳的较高位的发文量的状况。

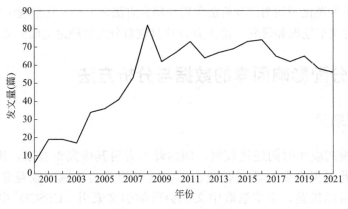

图 3-1　年度发文量统计

3.2.2　主要主题和次要主题分析

　　在 CNKI 的可视化分析中，主要主题是概括文献重点、中心内容的主题。一篇文献至少有一个主要主题，有时候也可以有两个或两个以上的主要主题。次要主题是指一篇文献中除主要主题以外的，不属于论述重点的主题。关于收益分配在 CNKI 收集到的 1122 篇文献中，对各个主要主题和次要主题的文献数量整理，分别如图 3-2 和图 3-3 所示。

　　根据 CNKI 的可视化分析，进一步对主要主题排名和次要主题排名前 10 的主题进行总结，如表 3-1 所示。

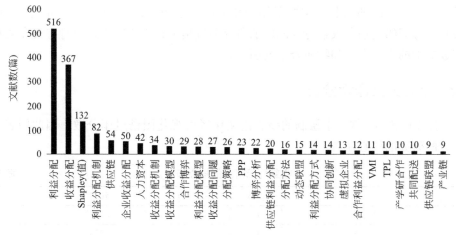

图 3-2　主要主题分布

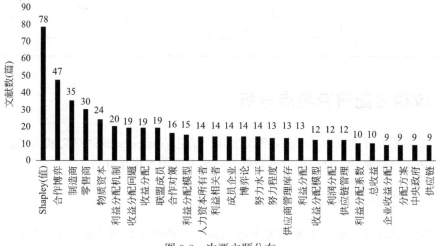

图 3-3　次要主题分布

主要主题和次要主题出现频次　　　　　　　　　　　　表 3-1

序号	主要主题	频次	序号	次要主题	频次
1	利益分配	496	1	Shapley(值)	67
2	收益分配	417	2	合作博弈	63
3	Shapley(值)	132	3	制造商	35
4	利益(收益)分配机制	116	4	零售商	30
5	利益(收益)分配模型	58	5	物质资本	24
6	供应链	54	6	利益分配机制	20
7	人力资本	42	7	收益分配问题	19
8	合作博弈	29	8	收益分配	19
9	收益分配问题	27	9	联盟成员	19
10	分配策略	26	10	利益分配模型	15

通过对主要主题和次要主题的整理，发现收益分配或利益分配的研究，许多学者研究

了收益（利益）分配的机制，主要采用合作博弈的思想，运用 Shapley（值/法）的方法来解决收益分配的问题。收益分配问题的研究领域集中在供应链中，同时有很多文献考虑了联盟成员中的人力资本和物质资本的因素。

3.2.3 核心论文作者分析

由于用 CiteSpace 软件中绘制的核心论文作者可视化图谱过于分散，因此用表 3-2 表现收益分配研究的核心作者。

收益分配研究的核心作者					表 3-2
序号	作者	篇数	序号	作者	篇数
1	杨怀珍	13	7	李登峰	5
2	张强	12	8	黄波	5
3	孟卫东	10	9	陈菊红	4
4	王旭	7	10	孙红霞	4
5	冯中伟	6	11	李雷	4
6	李林	6	12	李翠	4

3.3 收益分配研究热点分析

将 482 篇研究样本以 Refworks 格式导出，方便 CiteSpace 软件对文献信息进行分析。在数据准备工作做完后，就可以对该数据进行多方面的可视化分析。

3.3.1 关键词共现分析

关键词是体现论文研究主要内容主旨的词汇。关键词共现是某一学科领域的研究主题，其专业术语共同出现在一篇文献中的情形。关键词共现的频次可以揭示该学科领域中几个知识点的内在逻辑关系。表 3-3 列出了关键词共现频次、中心度。可知，共现频次及中心性最高的前三者依次是收益分配和 Shapley 值、合作博弈。

关键词共现频次			表 3-3
序号	关键词	关键词被引频次	中心度
1	收益分配	326	92
2	Shapley 值	108	45
3	合作博弈	90	23
4	博弈论	53	36
5	供应链	38	23
6	风险因素	31	15
7	模糊联盟	28	20
8	PPP 模式	25	16
9	企业联盟	24	21
10	人力资本	14	15

利用 CiteSpace 软件，绘制收益分配研究关键词共现图谱，如图 3-4 所示。利用关键词之间的紧密程度对知识图谱的主题进行研究。其中，圆点大小代表高频关键词词频，词频越高，圆点越大。由图 3-4 可知，Shapley 值（法）是目前解决合作联盟中多人合作的收益分配问题最常用的方法。同时，技术要素、企业收益、努力水平、双边道德风险、风险因素等都是学者在研究收益分配影响时所考虑的因素。此外，虚拟企业、供应链、企业联盟、模糊联盟、PPP 模式等关键词体现了目前涉及收益分配问题的具体合作形态。

图 3-4　收益分配研究关键词共现图谱

3.3.2　关键词聚类图谱分析

利用 CiteSpace 软件进行了关键词共现分析后，将关键词进行聚类，聚类的方法软件提供了 LSI、LLR、MI 三种方式。其中以 LLR 最为常用。对聚类的效果的好坏，可以用 Q 值（聚类模块值）和 S 值（聚类平均轮廓值）来判断，判断准则见表 3-4。S 值为衡量整个聚类成员同质性的指标，数值越大，代表该聚类成员的相似性越高。聚类效果分析见表 3-4。

聚类效果分析		表 3-4
	Q 值	S 值
本文样本值	0.8965	0.9842
判断准则	$Q>0.3$,显著	$S>0.5$,合理；$1>S>0.7$,令人信服
结论	显著	令人信服

利用 CiteSpace 软件绘制关键词聚类图谱如图 3-5 所示。标签顺序是从 0 到 18，共产生了 19 个聚类。序数字越小，聚类中包含的关键词越多。最大的聚类 0 中的标签词为"收益分配"。这是最重要的主题词。聚类 1 中的标签词为"Shapley 值法"，反映了收益

分配最常用的方法。聚类 2 中的标签词为"贴现因子"，集合了"中美双边贸易""贸易逆差""邱奎特期望效用理论""不确定性"等标签，该标签主要与贸易有关，这也是涉及收益分配问题非常广泛的一个分支，但是其与 IPD 模式差异比较大，故将其忽略。

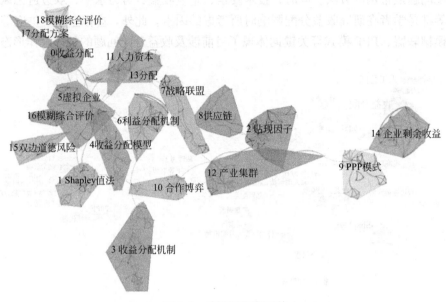

图 3-5　关键词聚类图谱

聚类 3 的标签词为收益分配机制，集合了"Shapley 值""Topsis""第三方监督/研发联盟""合同设计""创新管理""第三方监督""创新绩效"等标签。这是与收益分配密切相关的。公平合理的收益分配机制是企业联盟成员有效合作的重要根柢。对企业联盟各利益主体间的博弈分析，设计合理可行的收益分配机制，激励各方采取利于企业联盟整体利益的行为，使得企业联盟收益分配的合理化、系统化。其他聚类标签词不再一一说明。

3.3.3　关键词的凸现词分析

通过 CiteSpace 软件中提供的凸现词（Burst）探测技术和算法，考察词频的时间分布，将从大量的主要主题中将频次变化率高的词探测出来，从而确定收益分配的前沿领域和发展趋势。本书的凸现词有 5 个：人力资本、虚拟企业、Shapley 值、企业收益分配、动态联盟，如图 3-6 所示。

因为在筛选主要主题时，未将产学研、协同创新等剔除，所以有较多的文献谈及了人力资本。该研究方向在 2005—2007 年是研究的热点。在建筑行业，人们逐渐意识到人力资本对企业发展的重要性。舒尔茨研究人力资本问题就是希望找到能够促进生产力提高的那些被人们忽略、无视或"遗漏"的动因，他非常重视人在经济活动中的主观能动性和创造性[207]。建筑业是个劳动力密集的行业，对人的数量要求很高，对大部分从业者的质量要求不高。所以本书研究时，不会重点考虑人力资本。对于另外四个凸现词，与本书的研究领域 IPD 项目高度契合。

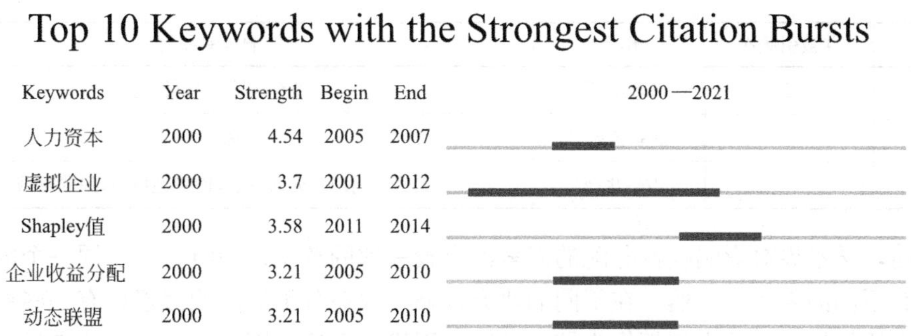

Top 10 Keywords with the Strongest Citation Bursts

Keywords	Year	Strength	Begin	End	2000—2021
人力资本	2000	4.54	2005	2007	
虚拟企业	2000	3.7	2001	2012	
Shapley值	2000	3.58	2011	2014	
企业收益分配	2000	3.21	2005	2010	
动态联盟	2000	3.21	2005	2010	

图 3-6　关键词的凸现词

3.3.4　文献共引分析

通过文献共引的分析,可以识别出被引率高的重要文献,还能清晰地展现该领域的知识背景和发展的脉络。收益分配方向的文章引文中较早又多次被引用的是戴江华(2004),他在文中提出应该考虑各合作伙伴在合作过程中承担的风险不同,通过计算风险因子修正基于 Shapley 值法的收益分配方案。通过绘制文献共引知识图谱,进一步进行收益分配影响因素的挖掘,得到表 3-5 中的数据。

高被引文献整理信息　　　　　　　　　　　　　　　　表 3-5

序号	共被引频次	作者	影响因素挖掘
1	20	戴建华[208]	风险因子
2	17	马士华[209]	创新性努力,风险因子
3	17	张捍东[210]	投资额,风险,社会/地理环境
4	9	高宏伟[211]	投入,贡献程度,创新主导者,风险
5	9	董彪[212]	投入资本,核心能力,风险性
6	8	黄波[213]	资源投入,技术风险
7	7	张云[68]	努力水平
8	7	吴朗[105]	投资额,贡献,风险
9	7	孙世民[214]	创新能力,风险分担,合作程度
10	7	罗利[215]	技术势差,技术创新,技术前景,市场状况,投资比例
11	7	孙东川[104]	努力水平
12	6	魏修建[216]	资源,贡献率
13	6	生延超[217]	技术,贡献率,努力程度
14	5	叶晓甦[218]	资源投入,风险分摊
15	5	管百海[66]	最优努力程度
16	5	吕萍[24]	风险,创新
17	5	胡丽[219]	投入比重,风险分摊,资源持有量,合同执行度,贡献度,监督力度

续表

序号	共被引频次	作者	影响因素挖掘
18	5	刁丽琳[220]	潜在风险,议价能力
19	4	刑乐斌[221]	风险
20	4	卢纪华[62]	工作努力水平,贡献系数,创新性成本,风险性成本

目前，学术界对影响收益分配的因素没有较一致的意见；同时，对于同一个因素，学者们也有不同的表述。当然，在不同的研究领域，收益分配的影响因素也有一些差别，比如在产学研领域，将技术创新作为核心的影响因素，而这一因素，在建筑业来说远没有在产学研领域重要。因此，需要对收益分配因素进行进一步的梳理和厘清。

3.4　收益分配影响因素文本挖掘结果

3.4.1　研究方法

根据以上梳理出来的收益分配的影响因素的质化资料文本信息，采用扎根理论的方法，进一步地提炼。扎根理论（Grounded Theory）方法，是格拉斯和斯特劳斯提出的一种质性分析方法。1999 年北京大学高等教育研究所陈向明教授开始撰文介绍扎根理论的思路和方法。扎根理论的主要思路是对原始的定性资料进行分析，直接从实际观察入手，从访谈资料或者文献资料中使之概念化和范畴化，通过数据的质性编码区分，归纳、提炼和浓缩来构建概念，进而对概念范畴分析，得出研究结论，从而形成理论框架。主要步骤分为四点：提出问题、收集资料、编码和构建理论[222]。扎根理论的具体流程如图 3-7 所示。

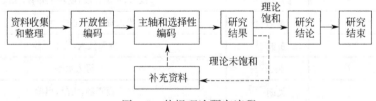

图 3-7　扎根理论研究流程

3.4.2　数据分析

在收集到的 20 个高被引文献整理信息条目（表 3-5）中随机选 15 个样本逐级编码并构建理论框架，利用其余的 5 个资料进行理论饱和度检验，形成最终理论模型。

1）开放式编码

开放式编码是对资料进行扎根分析的第一个环节。从资料中发现概念类属，并对类属加以分析，再命名确定类属的属性和维度的过程。类属包含概念性的特征和维度。从表 3-5 的 20 个条目中随机选 15 个样本对影响因素的原始语句进行比较和分析。另外 5 个样本用于理论饱和性检验，完成初始概念的提取。以此为基础，对 20 个初始概念进一步的范畴化，归纳形成 4 个范畴，分别是贡献度、资源性投入、努力水平和风险分担，如表 3-6 所示。

开放式编码过程

表 3-6

序号	文献原始语句	概念提取	范畴化
1	创新性成本包含两大类，即为技术开发和技术创新投入的人力资源成本和信息成本	创新性成本	努力水平
2	虚拟企业在技术开发过程中把风险分为纯粹风险和投机风险	风险	风险分担
3	基于风险共担、利益共享的分配原则，合作方承担的风险越大，其要求的收益回报越多	风险共担	风险分担
4	各合作方的努力水平主要通过管理水平、创新投入、合同执行度、信息交流程度、搭便车行为五个因素来衡量和评判	努力水平	努力水平
5	贡献度是指各合作方在遇到如不可抗力、市场动荡、安全事故等突发状况所投入和贡献的人、财、物和其他沉没成本	贡献度、投入	贡献度、投入
6	各合作方投入到项目中的实际工作时间价值被定义为工作努力水平	努力水平	努力水平
7	工作贡献系数主要通过单位时间内投入的资本、人力资源、技术、信息、管理等资源价值来计算	贡献系数	贡献度
8	综合考虑成本投入、风险分担、信任程度、信息共享度和 BIM 技术应用水平等影响因素	成本投入、风险分担、信任程度	投入、风险分担、信任
9	引入风险分摊系数、投资比重、创新能力、生态修复支持力度四个影响因素	风险分摊系数、投资比重、创新能力、生态修复支持力度	投入、风险分担、努力水平
10	综合考虑成品油企业业务能力、投资额和风险量对于成品油企业利益分配的影响	投资额、风险量	投入、风险分担
11	提出了六个能够影响利益分配的影响因素，包括资源贡献、地位效应、风险承担、额外补贴、实施程度和创新努力	资源贡献、地位效应、风险承担、额外补贴、实施程度和创新努力	风险分担、贡献度、努力水平
12	资源投入、风险分担、实际贡献三个利益分配影响因素权重进行修正	资源投入、风险分担、实际贡献	投入、贡献、风险分担
13	综合权衡风险承担度、资源投入度和贡献程度等因素对跨区域调水 PPP 项目参与各方收益分配的影响	风险承担度、资源投入度和贡献程度	投入、风险分担、贡献度、努力水平
14	考虑违约风险、经营成本、合作意愿和信息对称程度四个因素	违约风险、经营成本、合作意愿和信息对称程度	投入、风险分担
15	资本投入、风险分担和合作贡献三个影响因素	资本投入、风险分担和合作贡献	投入、风险分担、贡献度

2）主轴和选择性编码

主轴编码是不断将开放式编码中分散的资料在各个范畴进行聚集、细化成一两个核心范畴，并将有明显关系的范畴联系起来。选择性编码，是对主轴编码后形成的代码进行比较和筛选，形成直接指向研究对象代码的过程，进一步地从主范畴中挖掘核心范畴，深入讨论核心范畴和范畴之间的关系，形成理论化模型。

结合建筑业的行业特点，对上述提取出的影响因素进行精确处理，除去相关度较低及频次较低的概念，比如合作意愿、地位效应、额外补贴、合同执行度等，然后合并同类型的影响因素，对收益分配影响因素进行提取，分为资源投入、贡献度、风险分担和努力水平四个范畴，如表3-7所示。

IPD 模式收益分配影响因素的编码结果 表 3-7

核心范畴	范畴	概念
收益分配影响因素	投入	资金投入/资源投入度
		投资比重/投资额
		创新性成本
		经营成本
		技术资源投入
		成本投入
	贡献	资源贡献
		贡献度
		贡献系数
	努力水平	合同执行度
		创新努力
		创新能力
		实施程度
	风险分担	环境风险
		风险量
		风险承担
		违约风险
		道德风险

3）理论饱和度检验

对表3-5中事先预留的五个条目进行相同流程的编码和分析，进行理论饱和度检验，结果显示，模型中的范畴已发展得足够丰富，再没有发现新的范畴和关系，范畴内部也没有产生与 IPD 项目联系紧密的收益分配影响因素。由此，可以认为本章所构建的 IPD 项目收益分配影响因素的概念和范畴在理论上是饱和的。

3.4.3 影响因素挖掘结果及概念性分析

从以上的分析可以得出，影响 IPD 项目收益分配的主要因素包括资源性投入、贡献度、努力水平和风险分担。但是对于这四个概念的表述包含的内容需要进行进一步的厘清。

1）资源性投入

在整理文献时，发现关于收益分配的影响因素之一投入，其含义较广，包括资金投入/

资源投入度、资源贡献、创新性成本、经营成本、技术资源投入、成本投入、投资比重/投资额。同时剔除了产学研研究方向比较重视的技术投入和人力资本投入，土地收益分配研究方向考虑的土地资源投入等。

在 IPD 项目中，收益分配不仅要考虑资金的投入，还需要考虑资源性的投入。如 IPD 项目中的合作伙伴在运作过程中投入的专属技术、工艺创新价值、创新型投入、参与者采用的激励机制、人力资源管理等这些都是资源性投入。

2）贡献度

贡献度是衡量 IPD 项目联盟中盟员采取行动对于项目目标实现做出的贡献程度，一种客观反映变量贡献能力的量化方式。在 IPD 模式中，各成员组成合作联盟投入项目建设中，为了保证项目的功能/价值目标实现，各方要做出各种努力、妥协和贡献的行为。由于各合作盟员在项目中的定位、角色及核心竞争力存在差别，导致其对项目目标的实现所做贡献不同，即贡献度不同。假设 IPD 项目合作联盟中的所有盟员均为"理性人"，通过分析各盟员对联盟的边际贡献，遵循贡献与收益对等的收益分配原则，对联盟整体收益按合理方案进行分配，最终达到各方均满意的状态。

3）努力水平

努力水平是指在企业联盟中，在一定的企业治理环境下愿意而且能够为企业的产出效率做出的努力程度。它反映的是联盟中各参与方为实现项目整体收益最大化，履行合同并采取诸多积极行动的程度，即努力行为。在信息不对称的条件下，努力水平是各个参与者的私有信息，参与方难以观测到其他参与者的努力水平，合作联盟成员个体的努力水平一般是不可验证的。提高努力水平一般通过监督机制和激励机制来实现。努力水平一般是由各参与方的人力资本为代表的内部因素和联盟的激励因素为代表的外部因素所共同决定的。此外，还与参与方管理者的专业素养、管理资源投入的多少以及所达到的管理效果等管理水平有关。根据收益分配的原则，各参与方的努力程度与其收益分配正相关。努力水平作为 IPD 项目收益分配因素之一，可以减少参与者偷懒和"搭便车"行为，激励各参与方为了项目成功积极付出努力。各参与者能最大程度付出自身的努力去实现项目整体利益的最大化，从而获得与努力水平相对等的收益，达到"双赢"局面。

4）风险分担

"风险共担、收益共享"是 IPD 项目的基本原则，是 IPD 联盟合作关系形成的一个基础，若没有合理的风险分担，就不会有 IPD 项目实施的稳定性。收益分配方案应考虑风险分担与收益分配的一致性与对等性，从而提高各参与方合作的主动性与积极性。在 IPD 联盟中，各参与方都承担一定的风险，并期望获得相应的收益以弥补所承担风险所付出的成本与代价。由于各参与者自身的实力与性质不相同，风险承担能力也有差异，风险分担的合理化，可以有效降低风险承担的成本，从而提高 IPD 项目的价值。通过识别风险，建立风险集，区分出关键共担风险，为 IPD 项目的风险分担定量化提供理论基础。

3.5　本章小结

本章首先梳理了在 CSSCI 数据库里的 482 篇关于收益（利益）分配的文献，对以"收益分配"为关键词的文献进行了整体研究；然后通过 CiteSpace 软件对收益分配的文献进行了关键词共现分析，关键词聚类图谱分析、关键词的凸现词分析和文献共引分析，找出了收益分配的高频被引的 20 篇文献。

　　根据以上梳理出来的挖掘的收益分配的影响因素的质化资料和文本信息，采用扎根理论的方法，进一步对收益分配影响因素文本分析。先在 20 篇高引文献中随机选 15 个样本，对影响因素的原始语句进行比较和分析，通过开放式编码把初步概念范畴化、通过主轴编码和选择性编码进一步聚集和细化范畴形成概念，再用剩余的 5 个样本进行理论饱和度检验，挖掘出收益分配影响因素主要是贡献度、资源性投入、风险分担和努力水平。最后对四个主要影响因素进行了内涵分析。由此构建了 IPD 项目收益分配影响因素的基础理论研究框架，为下一步 IPD 项目收益分配策略的研究奠定科学支撑和理论基础。

第4章

IPD 项目单个因素收益分配策略

在 IPD 模式中，各参与方组成了联盟，通过 BIM 技术等所提供的信息共享平台，彼此间相互信任，信息沟通顺畅，共同分担风险，核心参与方之间责任豁免，共享收益，存在着高度信任的合作关系。在这种模式下，合理的收益分配方式是该模式能否顺利实施的关键条件，也直接影响着项目能否成功。IPD 模式下各参与方会签订合同，即存在有约束力的可执行的契约。IPD 模式是一种合作博弈，参与方符合合作联盟中"理性人"的假设，会在竞合关系中理性选择收益分配策略。收益分配策略即是合作博弈的解。

IPD 项目中对收益分配的影响因素较多，根据第 3 章的研究结果，最主要的是贡献度、资源性投入、努力水平和风险分担。本章将分别分析单个因素下 IPD 项目收益分配策略。

4.1　IPD 项目中贡献度因素收益分配策略

IPD 项目中，各参与方组成合作联盟，为项目创造最大的价值，满足业主对项目的要求，保证项目的顺利进行，成功实现项目的功能/价值交付，各方必会做出必要的妥协和付出，确保项目联盟收益最大化。各参与方均为异质性企业，在项目中的工作任务及自身核心竞争力存在差异，所以对项目而言各参与方所做的贡献有差异，因此，应将各参与方对项目价值实现的贡献因素考虑在内去进行项目的收益分配。

IPD 项目合作联盟中参与者的贡献度与项目最终实现的收益密切相关，其利用自身竞争力会为项目带来正面积极的影响，带来收益增加，也就是对合作联盟所做的贡献度越大，说明该参与者的加入对项目越能带来积极的影响，应当获得越多的收益分配。研究贡献度，对项目联盟的稳定至关重要，更能体现收益分配的公平性和合理性，也正向激励各参与方对整个项目做出更多贡献。

对贡献度因素下的收益分配，本章采用最大熵值法建立收益分配模型，再用外点惩罚函数求解，得到收益分配值。

4.1.1　最大熵值法

根据信息论的熵理论，信息是人们对事物了解的不确定性的减少或者消除，不确定性的程度被香农称之为"信息熵"。假设随机试验 B 中，互不相容的结果 B_i 发生的概率为 $P(B_i) = p_i(i=1，2，\cdots，n)$，每做一次试验，都会有一个结果发生，但具体的结果不确定，这种不确定性就是"熵"。

对于离散型随机变量，熵可以表达为：

$$H(p_1,p_2,\cdots,p_n) = -\sum_{i=1}^{n} p_i \ln p_i \qquad (4-1)$$

$H(x)$ 表征信息量的大小，是一个系统状态不确定的量度。

对于连续型随机变量，熵可以表达为：

$$H(x) = -\int_R f(x) \ln f(x) \mathrm{d}x \qquad (4-2)$$

式(4-1) 和式(4-2) 表达了两个含义：

(1) 若已知信息出现的概率，可以用上面两式求出熵值。

(2) 若把 $H(x)$ 看成是 $f(x)$ 的泛函，当 p_i 或者 $f(x)$ 变化时，$H(x)$ 也发生变化，则所有可能的概率分布中，一定存在着一个使得信息熵取得极大值的分布。

Jaynes（1957）提出了一个最大熵原则：当以不完整的信息作为依据进行推断时，应该选择熵最大的概率分布。即熵在概率分布空间可以作为一种度量，具有较高熵的分布比其他分布具有更大的值。

最大熵原理是概率模型学习的一个准则，用于根据不完整的信息进行预测或判断。求解最大熵模型，目的是找到满足全部已知的约束条件，使得概率分布最均匀、概率分布的熵最大的那个解。大量的研究表明，在数据有限的情况下，最大熵模型结果的准确性远优于其他预测模型[223]。而且，该模型建模时简单，适合样本数据较少的情况。

从 2.2.1 节的分析可知，IPD 模式下的合作博弈的合理收益分配方案，必是满足一些约束条件下的最大值点，这正好符合最大熵的思想。因此，本节建立最大熵模型，求解贡献因素下收益分配的方案。

4.1.2 贡献因素收益分配模型建立与求解

1）贡献因素收益分配模型建立

设 IPD 联盟中 n 个参与方的分配为 $\varphi(v) = (\varphi_1(v)，\varphi_2(v)，\varphi_3(v))$，其中 v 为特征函数。将 p_i 视为合作联盟总收益分给第 i 个参与方的概率，记 $p_i = \dfrac{\varphi_i(v)}{v(K)}$，则根据式(4-1)，其概率分布的熵为：

$$H = -\sum_{i=1}^{n} p_i \ln p_i = -\sum_{i=1}^{n} \frac{\varphi_i(v)}{v(K)} \ln \frac{\varphi_i(v)}{v(K)}$$

$$\text{s. t.} \quad \sum_{i=1}^{n} \varphi_i(v) = v(K)，\sum_{j \in S} \varphi_j(v) \geqslant v(S) \qquad (4-3)$$

$K(K \subseteq N)$ 是 N 的任一子集。如 2.2.1 节所述，式(4-3) 中的两个约束条件是合作博弈的基本条件：个体理性与群体理性。"最大熵问题"本质上是利用熵理论求解不等式约束条件下的最优值问题。与经典的 Shapley 值法相比，最大熵值法优点是限制条件少，基本无假设和使用条件，运用广泛。

2）模型求解

式(4-3)可视为在约束条件下非线性规划的最优化问题。即考虑问题：

$$\min f(x), x \in R^n$$

$$\text{s. t.} \begin{cases} g_i(x) \leqslant 0, i=1,2,\cdots,r \\ h_j(x) \geqslant 0, j=1,2,\cdots,s \\ k_m(x)=0, m=1,2,\cdots,t \end{cases} \tag{4-4}$$

这类问题的求解，可以用罚函数法。罚函数是求解无约束非线性规划问题常用的方法，分为外点罚函数和内点罚函数两种。内点罚函数是一类保持严格可行性解的方法，其总是从可行点出发，并一直在可行域内部进行搜索，所以，只适用于只有不等式约束的情况。外点罚函数是从非可行解出发逐渐移动到可行域的方法，适合于既有不等式又有等式约束的非线性规划问题。

罚函数法的基本思想是利用问题中的约束函数构造一个适当的罚函数 M，其中 M 是足够大的正数，起"惩罚"作用，称之为"罚因子"，由此建立一个带参数的增广目标函数，从而把问题转化为无约束非线性规划问题。

取一个充分大的数 $M > 0$，构造函数

$$P(x, M) = f(x) + M_k P^*(x) \tag{4-5}$$

$$= f(x) + M_k \sum_{i=1}^{r} \max(g_i(x), 0) - M_k \sum_{j=1}^{s} \min(h_j(x), 0) + M_k \sum_{i=1}^{r} |k_m(x)|$$

原问题转化为以 $P(x, M)$ 为目标函数的无约束极值问题 $\min P(x, M)$ 的最优解 x。

根据式(4-3)的特点，本节选用外点罚函数法。该法把解向量限定在控制变量的取值范围内，缩小求解规模，简化了问题难度，程序编写容易，内存信息少。同时算法对初始点的选取要求不高，可以在整个 n 维空间中选取。寻优步长和罚函数因子选择简单，且在后期收敛速度快。

外点罚函数法的计算步骤如下：

STEP1 给定在可行域内 x_0 中，给定终止误差 $\varepsilon(\varepsilon = 10^{-6})$，放大系数 $c > 1$，$k = 1$。

STEP2 以 $x^{(k-1)}$ 为初始点，求解无约束问题 $\min f(x) + M_k P^*(x)$，设其极小点为 $x^{(k)}$。

STEP3 若 $M_k P^*(x^{(k)}) \leqslant \varepsilon$（收敛准则），则停止计算，得到点 $x^{(k)}$，否则令 $M_{k+1} = cM_k$，设置 $k = k+1$，转向 STEP2。

由此，可以计算出目标函数的极小值点，也即式(4-3)中的最大熵值，对应于 IPD 项目贡献因素下的各参与方的收益分配值。

最大熵值法在求解时用外点罚函数进行求解，通过引入带参数的增广目标函数，从而把问题转化为无约束非线性规划问题。由于无约束非线性规划问题所建的方程复杂，很难得到解析解，一般此类问题可采用惩罚函数法进行求解，从而将带约束的非线性规划问题转化为求解一系列无约束极值问题，进而得到原问题的最优解或近优解[224]。

4.1.3 贡献因素收益分配计算步骤

在考虑贡献因素下，IPD项目收益分配计算步骤如下：

（1）按照式（4-3）写出熵值及约束条件；

（2）按照式（4-4）建立非线性约束模型；

（3）利用外点罚函数，对建立的非线性约束模型进行求解和分析，从而可以得到用最大熵值法求出IPD项目收益分配值。

本书6.2.1节将结合具体案例对贡献因素下IPD项目收益分配模型进行分析与验证。

4.2 IPD项目中资源性投入因素收益分配策略

IPD项目合作联盟中的企业为了实现共同的目标所进行的投入是联盟形成和IPD项目能够顺利开展的基本条件，也是确定IPD项目收益分配的最为基础的影响因素。在IPD建设项目中，几个不同异质性的企业组成联盟，各个企业所承担的目标任务不同，所参与的投入方式也有差异，各自的收益分配也会不同。一般来说，在联盟收益分配确定中，各参与企业为构建联盟的投入成本大小与收益分配正相关，各参与企业的资源投入量与收益相对等。同时投机行为、"搭便车"行为会随着收益分配比例的公平而减少，这会促进建筑行业健康、良性的发展。所以，资源投入量是确定收益分配系数的重要依据之一。

4.2.1 IPD项目中资源性投入的分类

根据企业资源理论，按照资源本身的形态，IPD项目中资源可划分为有形资源和无形资源。

1. 有形资源

有形资源是企业所拥有的看得见、摸得着的以实物形态存在的资源。有形资源包括土地、厂房等不动产、生产设备、运输工具、施工机械等固定资产，以及原材料、产品、半成品、流动资产等流动资金。有形资源是可以用货币形态度量的、在资产负债表中体现的资源。

2. 无形资源

无形资源是企业的一笔宝贵财富，对企业的生存发展至关重要。无形资源主要包括人力资源投入、创新性投入、品牌商誉、技术专利、技术水平提高的投入、生产效率提高的方法、企业管理结构、先进的管理理念、企业文化及组织经验等相关资源[112]。总体来说，无形资源主要包括以下四类：

（1）人力资源。IPD项目的成功实施离不开人。人力资源投入包括各个参与方的技术人员、管理人员的知识、能力、经验、劳动力投入等，这部分的投入可通过对人员的工资及福利支出等进行计量[225]。

（2）企业商誉。企业商誉是无形资产，意味着企业的竞争力，与企业的超额利润获取密切相关，是企业"软实力"的载体。在建筑市场里，品牌商誉具有不可复制性、不可替代性。在IPD项目中，品牌商誉投入主要体现在项目选择合作伙伴时的信用度和对整个联盟团队给予彼此的信任，以及对团队整体的运转、对项目运营的提升度。

（3）创新资源。创新资源主要包括为了促进项目整体利益目标的实现而做出具有创新性的技术、知识产权、管理方法等。在 IPD 项目中，参与方为了满足市场需求对建筑产品引入新技术、新材料，或者在质量和功能上的改进活动，会采用 BIM 技术、智慧工地加强现场管理，会采用物联网、区块链等资源的创新方法提高建筑产品的价值。对于复杂项目，可能会涉及施工技术的创新或者项目管理方法的创新。

（4）组织资源。组织资源是企业工作日结束后留存在组织内部的知识，是企业在长期的生产运营过程中对企业组织、生产经验、技能、学习能力、组织能力和创新能力等各方面知识的积累，对各类分散资源的整合、各项价值创造活动的协调，起到关键的作用。通过建立组织，参与联盟的企业能在更大的范围内实现企业资源的有效配置，实现企业资源效益的最大化。

4.2.2　资源性投入的收益分配要素估算

有形资源是项目实施的重要条件基础。在 IPD 项目开始早期，各参与方投入资金获得土地、机械、材料、设备等有形资源。它们以固定资产形式反映在财务资产负债表中。随着项目实施，各参与方根据在项目中的任务及企业的特点投入其他非资金资源，如人力资源投入、技术投入、机械设备投入和管理资源的投入。这些有形资源的投入在项目实施中都会给予相应的补偿，并计入项目正常建设与经营的成本中，有形资源的费用估算可根据企业对有形资产会计核算的方法并和专家调查方法综合可得到相关数据，可以通过企业的资产负债表衡量其财务或者物理价值的要素得以确认。因此不再考虑有形资源的投入对收益分配的影响因素。

企业获取无形资源也需要支付一定的对价，该对价不一定会在资产负债表中反映，会包含在职工工资、销售费用和管理费用等期间费用中。无形资产是可辨识的无形资源，比如品牌商誉、技术专利投入等。还有许多不可辨识无形资源如部分创新资源、组织资源、关系资源等，它们无法在财务报表中直接体现，却对企业价值的创造起到了很重要的作用。因此，这些不可辨识的无形资源在进行收益分配时需要加以考虑。

对 IPD 项目中的合作伙伴在运作过程中投入的专属技术、工艺创新价值、创新型投入、激励机制等这些资源性投入的估算时常得不到公开的准确的数据，是不好计量的投入。这些无形资产包括那些在本质上非物理性或者非财务性的，是很难或者很少在资产负债表中体现的要素。在收益分配协商调整过程中，资源投入比重系数的确定应当予以考虑。

如果不考虑资源获取的难易程度，无形资源所创造的价值很大程度上来自企业对无形资产的投入比例，即企业所有的无形资产在某个项目中的投入比例——参与度。因此，本书用参与度来讨论资源性投入对 IPD 项目收益分配的影响。考虑每个局中人参与度的不确定性，可以将 IPD 合作联盟看作模糊联盟，本书采用模糊数学的模糊测度理论和 Choquet 积分，定义模糊联盟合作对策的可行的支付函数，建立基于资源性投入的收益分配模型，并在 6.6.2 节中结合案例讨论参与度对局中人收益分配的影响。

4.2.3　基于模糊联盟的资源性投入对收益分配策略

1. 模糊联盟合作博弈

在联盟中，一般假设各局中人完全参与到合作中，即为清晰合作博弈。但实际中，由于 IPD 模式中创新水平、行为特征、激励机制、同时参与多个项目等因素的差异，各局中人以一定的参与程度进行合作，不满足清晰联盟的假设。因此，用模糊数 $S(i)$（$S(i) \in [0, 1]$）表示企业 i 参与联盟 S 的程度，即

$$S(i): L(N) \to [0, 1]$$

$L(N)$ 为 N 中所有模糊子集形成的集合，具有联盟结构的合作博弈的全体记为 F^N。则企业联盟收益分配问题就可以看作是联盟中的企业以一定参与度参与合作，并以参与度为变量，分析模糊合作博弈解的问题。

参与度表明企业与各联盟成员在完成一项项目合作过程中的交互作用，其关注的是企业所展开的资源型投入方面的具体行动。参与度在跨组织的合作中对于促进联盟正向发展具有重要作用。

（1）联盟中各参与者积极参与合作，提高参与度，能够更加有效地实现联盟间资源共享和能力整合。

（2）联盟中各参与者积极地增加专属技术、工艺创新价值、管理水平等资源型投入，也是企业更好地实现合作初期承诺的一种表现，有助于提升整个联盟的价值，创造更多的超额利润，有利于盟员之间建立稳定和持续的合作关系。

（3）联盟中各参与者主动积极地提高参与度，有助于彼此间增加信息交流与沟通，建立良性信任关系，是相互适应、相互协调、资源整合的重要途径之一。

记清晰联盟的合作博弈为 $G_0(N)$，模糊联盟的合作博弈为 $Gr(N)$。假设各企业组成清晰联盟，即各企业将资源完全投入这个特定的联盟之中。设企业 i 参与联盟 S 的程度为

$$S(i) = \begin{cases} 1 & (i \in S) \\ 0 & (i \notin S) \end{cases} \tag{4-6}$$

用 $S = (S(1), S(2), \cdots, S(m))$ 表示模糊联盟，其中 $S(i)$ 表示 IPD 项目中第 i 个盟员的参与程度（Dagnino 等，2017）[226]。根据 Shapley 公理，可知清晰博弈 $G_0(N)$ 具有超可加性。式(4-6) 中，$S(i) = 0$ 表示企业 i 完全不参与联盟 S。$S(i) = 1$ 表示企业 i 完全参与联盟 S。当 $S(i) = 1$，$\exists i = 1, 2, \cdots, n$，$Gr(N)$ 则转化为 $G_0(N)$。

在 2.2.1 节中研究的合作博弈解之一——Shapley 值收益分配方法，实际上就是研究清晰联盟下的收益分配。在这种类型的合作对策中，联盟中的局中人均需完全参与合作。

2. 模糊测度与 Choquet 积分

Choquet 积分最早是作为容度理论被研究的（Choquet，1954）[227]，然后以日本学者 Sugeno（1974）[228] 为代表的学者们将模糊测度与 Choquet 积分联系起来，并定义了可测函数关于模糊测度的 Choquet 积分，用于解决事物之间存在着关联关系的多属性决策问题。由于 Choquet 积分具有连续性、单调性等优点，已经被广泛地应用于多属性决策领域。该积分能通过模糊测度提取出各属性之间的内在关系对目标函数的影响[231]。因此，本书选用 Choquet 积分来分析收益分配策略。

定义 4.2 设 $\exists X \notin \varnothing$，$\Omega$ 是由 X 的某些子集组成的 σ 代数。函数 $\mu:\Omega \rightarrow \mathbb{R}^+$ 若满足：

(1) $\mu(\phi) = 0$；

(2) $\forall A$，$B \in P(X)$，$A \subseteq B$，存在 $\mu(A) \leqslant \mu(B)$。

则称 μ 为模糊测度，(X, Ω, μ) 为模糊测度空间。

若经典的合作博弈 (N, v) 上的支付函数 v 是一个模糊测度，则定义具有 Choquet 积分表达形式的支付函数。

定义 4.3 设 $f \in F$，则函数 F 关于 μ 的 Choquet 积分定义为：

$$(C)\int_A f \mathrm{d}\mu = \int_0^{+\infty} \mu(A \cap F_\alpha)\mathrm{d}\alpha \tag{4-7}$$

其中 $F_\alpha = \{x \mid f(x) \geqslant \alpha\}$，$(\alpha \in [0, +\infty))$，右端积分为 Lebesgue 积分。$f$ 在 X 上的 Choquet 积分简记为 $(C)\int f \mathrm{d}\mu = \int_0^{+\infty} \mu(F_\alpha)\mathrm{d}\alpha$。

如果将函数 f，$\{f(x_1), f(x_2), \cdots, f(x_n)\}$，重排成非递减序列，为 $f(x_1^*) \leqslant f(x_2^*) \leqslant \cdots \leqslant f(x_n^*)$，其中 $\{x_1^*, x_2^*, \cdots, x_n^*\}$ 是 $\{x_1, x_2, \cdots, x_n\}$ 的一个置换，则根据 Choquet 积分的可平移性，有：

$$(C)\int f \mathrm{d}\mu = \sum_{i=2}^n [f(x_i^*) - f(x_{i-1}^*)]\mu(\{x_i^*, x_{i+1}^*, \cdots, x_n^*\}) \tag{4-8}$$

其中 $f(x_0^*) = 0$。

3. 模糊联盟的预期收益和收益分配策略的确定

Tsurumi[229] 利用清晰博弈 $G_0(N)$ 具有超可加性，且 $G_0(N)$ 的支付函数实质上是一个模糊测度的特点，运用实值函数 R 关于模糊测度的 Choquet 积分，定义了模糊博弈 $Gr(N)$ 上具有实值函数 Choquet 积分表达形式的支付函数和模糊 Shapley 值，并可以证明它们关于局中人参与联盟程度函数单调非减且连续（Dagnino 等，2017）[226]。

定义 4.4 设联盟 $S \in L(N)$，$\mathrm{Supp}(S) = \{i \in N \mid S(i) > 0\}$，函数 $x:L(N) \rightarrow R$，且 $x(S) = (x_1(S), x_2(S), \cdots, x_n(S))$ 被称为 $Gr(N)$ 上的支付函数，满足：

(1) $x_i(S) = 0$，$\forall i \notin \mathrm{Supp}(S)$；

(2) $\sum_{i \in \mathrm{Supp}} x_i(S) = v(S)$；

(3) $x_i(S) \geqslant S(i) \cdot v(\{i\})$，$\forall i \in \mathrm{Supp}(S)$。

定义 4.5 设子集 $S \in L(N)$ 为模糊联盟形成的集合的全体，令 $Q(S) = \{S(i) \mid 0 < S(i) \leqslant 1, i \in N\}$，$q(S)$ 为 $Q(S)$ 中元素的个数，将 $Q(S)$ 中的元素按照非减序列排列为 $h_1 \leqslant h_2 \leqslant \cdots \leqslant h_{q(s)}$，则具有实值模糊联盟合作对策的支付函数 $v_T \in Gr(N)$ 是模糊联盟 $L(N)$ 到实数集 R 的一个映射，即 $v_T:L(N) \rightarrow R$，具有形式：

$$v_T(S) = \int S \mathrm{d}v = \sum_{l=1}^{q(S)} v([S]_{h_l})(h_l - h_{l-1}) \tag{4-9}$$

其中 $h_0 = 0$；$l = 1, 2, \cdots, q(S)$。$[S]_{h_l} = \{i \in N \mid S(i) \geqslant h_l\}$ 为参与程度 $S(i) \geqslant h_l$ 的所有局中人组成的清晰联盟。$v([S]_{h_l})$ 为 $G_0(N)$ 的支付函数，即 $v([S]_{h_l}) \in G_0(N)$。

定理 4.2 对于模糊联盟合作对策 $Gr(N)$，若联盟 $U \in L(N)$ 满足：

$$v_T(U \cap S) = v_T(U), \forall U \in L(N)$$

则称 S 为 $Gr(N)$ 上的承载（Carrier）。将 $Gr(N)$ 上所有承载的集合记为 $FC^{[230]}$。

定义 4.6 对于 $Gr(N)$，$v_T \in Gr(N)$，$S \in L(N)$，Shapley 函数 $\varphi_i^T(v_T)$：$L(N) \to$ $\mathbb{R}$，$L(N)$ 应该满足以下四条公理：

公理 4.5（有效性公理）$\sum_{i \in N} \varphi_i^T(v_T) = v_T(N)$。

公理 4.6（对称性公理）若局中人 i，$j \in N$，$S \in FC$，则 $\varphi_i^T(v_T)(N) = \varphi_j^T(v_T)(S)$。

公理 4.7（虚设人公理）若局中人 i，$j \in N$，$U \in L(N)$ 且 $U_{ij}^U \in FC$，如果对于任意的 $S \in L(U_{ij}^U)$ 有 $v_T(S) = v_T(U_{ij}[S])$，则 $\varphi_i^T(v_T) = \varphi_j^T(v_T)$。

公理 4.8（聚合公理）对于任意两个合作对策 v_{T1}，$v_{T2} \in Gr(N)$，如果存在一个合作对策 $v_{T1} + v_{T2} \in Gr(N)$，对于任意的联盟 $S \in L(N)$ 总有 $(v_{T1} + v_{T2})(S) = v_{T1}(S) + v_{T2}(S)$，则 $\varphi^T(v_{T1} + v_{T2}) = \varphi^T(v_{T1}) + \varphi^T(v_{T2})$，$i \in N$。

定理 4.3 设子集 $S \in L(N)$，为模糊联盟形成的集合的全体，令 $Q(S) = \{S(i) \mid 0 < S(i) \leqslant 1, i \in N\}$，$q(S)$ 为 $Q(S)$ 中元素的个数，将 $Q(S)$ 中的元素按照非减序列排列为 $h_1 \leqslant h_2 \leqslant \cdots \leqslant h_{q(s)}$，则存在满足定义 4.6 中四条公理的 Shapley 函数 $v_T : L(N) \to \mathbb{R}$，具有形式

$$\varphi_i^T(v_T(S)) = \sum_{l=1}^{q(S)} \varphi_i(v([S]_{h_l}))(h_l - h_{l-1}) \tag{4-10}$$

其中 $h_0 = 0$，$l = 1, 2, \cdots, q(S)$，$[S]_{h_l} = \{i \in N \mid S(i) \geqslant h_l\}$ 为参与程度 $S(i) \geqslant h_l$ 的所有局中人组成的清晰联盟。$\varphi_i(v([S]_{h_l}))$ 为清晰联盟合作对策的 Shapley 值。

4.2.4 资源性投入收益分配计算步骤

综合以上分析，在计算资源投入因素下收益分配的策略时，按以下步骤进行：

（1）按照式(2-8)计算清晰联盟下局中人的收益分配 Shapley 值；

（2）按照式(4-9)计算局中人在某一确定参与度参与联盟下，IPD 项目的预期收益；

（3）利用式(4-10)计算不同模糊联盟 Shapley 值的 IPD 联盟收益分配策略组合下的企业收益分配策略；

（4）讨论局中人的参与度和局中人对联盟的影响权重为固定值时，各局中人的收益分配值；

（5）讨论局中人的参与度固定，局中人对联盟的影响权重变化时，各局中人的收益分配的变化；

（6）讨论局中人的参与度变化，局中人对联盟的影响权重固定时，各局中人的收益分配的变化。

IPD 模式下的收益分配实质上是求合作博弈的解[231]。本节建立了 IPD 模式下的衡量资源性投入的模糊联盟利润分配模型。该模型将资源性投入用参与度来度量。同时由于部分资源性投入存在计量难度，将其用模糊数学的相关概念来描述。本节引入模糊联盟的相关概念和模糊测度，用 Choquet 积分表示的模糊 Shapley 值形式，描述具有模糊联盟的合作博弈的解，并进一步求解 IPD 项目中资源性投入的收益分配。

本书将在第 6 章案例分析时结合具体的数据讨论参与者参与程度的变化对联盟可分配收益及各参与者收益分配的影响。

4.3　IPD 项目中努力水平因素收益分配策略

传统项目交付模式下，项目参与方往往以各自利益为导向，团结与协作难以实现、资源与信息难以共享，各个参与方都是彼此独立的、对立的关系，项目的各个阶段是割裂的、碎片化的，按照契约进行收益分配，各方在完成合同约定工作的情况下努力水平越低，努力成本也就越低，自身获得的相对的收益也就越高，但是对整个项目而言，参与方基于"理性人"的假设，会造成各方规避对己不利的风险时，趋向于将风险转移给其他参与方来保证自身收益，造成项目整体风险变大、劳动生产率降低、浪费增加、项目变更增多等不良后果。IPD 作为一种新交付方式，被认为能有效解决传统交付模式的弊端。

4.3.1　IPD 模式下努力水平

收益分配的过程中，项目各参与方注重自身的收益，还关注收益分配的公平性。各方对整个联盟所做的动态努力和贡献水平会随着其感知的联盟收益分配的公平性的认知变化而变化，并会在有限理性下选择让自身利益最大化的做法，按照"投入—收益"对等的原则选择各自的努力水平。IPD 项目中，努力水平是 IPD 模式下企业联盟成功构建及整个项目保持高效地实施，并达到业主预期目标的有力保障之一。所以，努力水平下联盟的收益分配策略这个领域日益成为众多学者的研究热点。

IPD 模式中各参与方的收益一部分来源于努力行为创造的项目价值增加，即根据各方在项目实施中的努力水平进行努力收益的分配。然而联盟中成员的努力水平是不可验证的。合理的努力水平决定着各方努力成本的投入以及努力行为创造收益的主观能动性。反之，会如 Holmstrom（1982）[232] 所论及的把联盟的产出看成公共品，盟员有"搭便车"行为，各方减少努力成本以确保自身收益，从而无法体现 IPD 模式的先进性，传统交付模式的弊端仍然无法解决。

努力水平主要是从盟员的行为、信息传递的效率、工作态度、工作完成的情况等方面来进行利益平衡点的博弈。IPD 项目中各参与方的努力水平反映的是为了项目的整体收益，根据项目合同的约定，各参与方所做出的为项目顺利开展而进行的一系列积极行动的程度。在遵守合同契约的情况下，加大技术研发投入、创新技术方法、加强技术手段、优化组织、实施更先进的项目管理方法（比如采用精益建造、LPS 技术、运用数字孪生技术、搭建 BIM 平台加强信息交流等）、付出管理成本，取得良好效果的过程。这些努力行为实际上都会提高企业的努力水平。

4.3.2　基于 Holmstrom-Milgrom 模型的努力水平选择

1. 问题描述

在 IPD 模式下，业主通过合作伙伴的选择，组建了一个项目联盟。一般会签订多方协议（Multi-Party Agreement，MPA）。多方协议需要周密的计划、谨慎的谈判和高效的团队。这一过程可能花费较多的费用，并且必须发生在尚处于项目构思的早期阶段。

IPD项目在实施过程中，从项目前期设计、建设中涉及众多参与方，比如设计单位、咨询单位、BIM服务商、供应商等。通常，各参与方在项目中的诉求不尽相同，会选择不同的努力水平。各个参与方从项目早期开始参与项目，建立收益/风险共享机制。对业主而言，其最终目标是给其他项目的参与者的支付最小化，自身的利润最大化。对于项目参与者来说，依据项目早期签订的合同中的相关激励政策的前提下，通过选择自身的努力水平最大化自己的收益。

在此背景下，探究IPD各参与方的合作关系，以及如何激励各方共同提高努力水平以实现IPD项目的增值，对IPD项目的顺利实施具有重要的意义。

2. 数学模型设定

根据2.1.3节的分析，业主方、设计方和施工方构成了IPD项目的核心参与者，是收益分配的主要对象。因此，本节以业主方、设计方和施工方等为研究对象。为了研究IPD项目各参与方的努力水平对收益分配的影响，对相关参数做如下设定。

1）模型假设

假设1：IPD项目中，各参与者均是平等的合作伙伴关系，为了简化讨论，将所有合作主体归并为核心企业业主和参与方（包括设计方、承包商、供应商、服务商等）两大主体。业主在联盟中占主导地位，即该合作联盟由n个参与者组成，其中包括业主和$n-1$个参与方。

假设2：在整个项目生命周期内，各方可能会受不可抗力的影响，如自然灾害、法律法规的变化、政府政策的调整等，这些外生因素ε具有不确定性，根据文献［223］，ε服从正态分布$\varepsilon\sim N(0, \sigma^2)$。

假设3：假设业主会将全部的收益都分配给项目参与者，不会有剩余，且相关收益分配完全由业主主导。其中，参与方的收益分配份额为$\beta(0<\beta<1)$，业主的收益分配份额是$(1-\beta)$。

假设4：各成员对项目的任务实现价值的高低主要取决于其努力水平q。各伙伴的努力水平贡献系数为φ，各伙伴的努力成本系数为k。

2）模型设定

（1）项目联盟收益函数

联盟收益函数是由盟员的能力、努力水平和外生不确定因素共同决定的。根据文献［173］、［233］、［234］，各方为了项目的优化产出与优化设计创造性支付是一维努力变量，且呈正相关关系。

$$\pi=\varphi q+\varepsilon \tag{4-11}$$

因为$\varepsilon\sim N(0, \sigma^2)$，故$E(\pi)=E(\varphi q+\varepsilon)=\varphi q$，$var(\pi)=\sigma^2$。即参与方的努力水平决定收益的均值，但不影响收益的方差。

（2）项目的努力成本

用k来衡量盟员的单位努力成本，即k表示努力成本系数，在相同的外在环境和努力水平下，各参与方投入的成本也是不同的。k值越大，表示参与方付出单位努力所耗费的成本越高，一般认为$k>0$。根据文献［235］的研究，努力成本$c(q)$和努力成本系数k呈二次相关关系。将所有联盟参与方的努力成本用如下函数表达：

$$c(q) = \frac{1}{2}kq^2 \tag{4-12}$$

（3）项目的风险成本

假设项目所有的参与者决策独立，经济独立，都是"经济理性人"，对风险的态度均为风险厌恶型，即其效用函数值等于其数学期望值。ρ 表示联盟参与方的以经济学家 Kenneth Arrow 和 John W. Pratt 命名的绝对风险规避系数[236]，也叫作绝对风险厌恶系数（Coefficient of absolute risk aversion），ρ 的取值越大表示参与方越厌恶风险，一般假设 $\rho > 0$。因为参与方的最大化期望效用函数为负指数效用函数 $u = -e^{-\rho W}$，则 $Eu = -Ee^{-\rho W}$。

绝对风险规避系数 $\rho = -\dfrac{u''(x)}{u'(x)}$，若 $\rho > 0$，表示风险厌恶，若 $\rho < 0$，表示风险喜好，若 $\rho = 0$，表示风险中立。根据 Arrow 和 Pratt 的研究结果，设业主是风险中性者，其他参与方为风险规避者。σ 为风险的标准差。

项目的参与者的风险成本[104] 为：

$$c(\rho) = \frac{1}{2}\rho\beta^2\sigma^2 \tag{4-13}$$

（4）联盟收益分配模型

项目中业主支付给参与方的报酬形式为线型契约：

$$s(\pi) = \alpha + \beta\pi \tag{4-14}$$

α 为固定报酬，是项目中对资源消耗的一种物化补偿。β 为企业对收益的分配系数。即参与方获得的收益是混合收益，由两部分组成：固定收益和从联盟收益中获得的份额。

依据委托—代理理论，业主对参与方的激励合同的设计应当遵循两个基本原则：一是成员参与约束（Individual Rationality constraints，IR）原则，即参与方从接受合同中得到的期望效用不能小于不接受合同时能得到的最大期望效用。二是激励相容约束（Incentive Compatibility constraints，IC）原则，即在业主不能观测到参与方生产性努力及环境影响因素的情况下，参与方总是选择使自己的期望效用最大化的行为。可观测性是指合同或者契约必须以可证实（Verifiable）的条款为内容。IPD 团队的激励合同的设计就是通过参与方的这种行为来实现业主的期望效益最大化。

3. 模型求解

依据委托—代理理论中的霍姆斯特姆和米尔格罗姆模型（Holmstrom 和 Milgrom，1987）[172]，项目中各参与方风险的态度均为风险厌恶型，期望效用等于期望收入。

因此，业主的期望效用 $E(U)$ 为：

$$\begin{aligned} E(U) &= E(\pi - s(\pi)) = E(\pi - \alpha - \beta\pi) \\ &= -\alpha + E(1-\beta)\pi = -\alpha + (1-\beta)\varphi q \end{aligned} \tag{4-15}$$

设 W 为参与方的期望收入，则参与方的期望效用 $E(W)$ 为：

$$E(W) = s(\pi) - c(q) - c(\rho) = \alpha + \beta\varphi q - \frac{kq^2}{2} - \frac{\rho\beta^2\sigma^2}{2} \tag{4-16}$$

在非对称信息条件下，达成委托—代理均衡合同有两个前提：参与约束与激励相容。令 $\overline{W}$ 为参与方的保留收入水平，即这些参与方不参与联盟，在同等成本约束条件下从其他委托人处获得的收益水平，因此如果确定性等价收入小于 $\overline{W}$，则参与方将不接受契约，不参与联盟。因此，参与方的参与约束（IR）是个人理性约束条件，IR 表述如下：

$$\alpha+\beta\varphi q-\frac{1}{2}kq^2-\frac{1}{2}\rho\beta\sigma^2\geqslant\overline{W} \tag{4-17}$$

激励相容约束（IC）是指参与者（代理人）根据激励补偿合同，选择具体的操作行为确定自己的最佳努力水平，以期望效用最大化，同时业主（委托人）的效益最大化。IC 表述如下：

$$\max E(W)=\max\left(\alpha+\beta\varphi q-\frac{kq^2}{2}-\frac{\rho\beta^2\sigma^2}{2}\right)$$

$$q=\operatorname{argmax}(E(W))=\frac{\varphi\beta}{k} \tag{4-18}$$

在 IPD 项目中，业主不能观测到参与方的努力水平 q，参与方将选择最大化努力水平来保证自己的收益最大化，一阶条件意味着：$q=\operatorname{argmax}(E(W))=\frac{\varphi\beta}{k}$。

根据上述分析，建立业主的收益分配模型为：

$$\max_{\alpha,\beta,q}E(U)=-\alpha+(1-\beta)q$$

$$\text{s. t.}\begin{cases}\alpha+\beta\varphi q-\frac{1}{2}\rho\beta^2\sigma^2-\frac{1}{2}kq^2\geqslant\overline{W} & \text{(IR)}\\[2mm]q=\frac{\varphi\beta}{k} & \text{(IC)}\end{cases} \tag{4-19}$$

在达到最优的情况时，业主没有必要给其他参与方支付更多报酬，此时 IR 的不等式式(4-17) 取等号，将参与约束通过固定报酬项 α 代入目标函数，则可以把式(4-19)关于该最优问题重新表述如下：

$$\max_{\alpha,\beta,q}\left(q-\frac{1}{2}\rho\beta^2\sigma^2-\frac{1}{2}kq^2-\overline{W}\right) \tag{4-20}$$

对于给定的 (α,q)，

$$\max_{\beta}\left(q-\frac{1}{2}\rho\beta^2\sigma^2-\frac{1}{2}kq^2-\overline{W}\right)$$

$$=\max_{\beta}\left(\frac{\varphi\beta}{k}-\frac{1}{2}\rho\beta^2\sigma^2-\frac{1}{2}k\left(\frac{\varphi\beta}{k}\right)^2-\overline{W}\right) \tag{4-21}$$

令式(4-21) 等于 0，并进行一阶求导，即一阶条件为：

$$\frac{1}{k}-\rho\beta\sigma^2-\frac{\varphi\beta}{k}=0 \tag{4-22}$$

则分配系数和努力水平最优解分别为：

$$\beta^*=\frac{1}{\varphi(1+\rho k\sigma^2)},q^*=\frac{\beta^*}{k}=\frac{1}{k\varphi(1+\rho k\sigma^2)} \tag{4-23}$$

将式(4-23)算出的结果代入式(4-19)，可得固定报酬 α，最后即可确定最优激励合同。

4.3.3 努力水平最优解结果分析

对式(4-23)进行分析，可以得出如下结论：

1）参与者对风险的态度，会影响收益分配的激励合同的类型

由式（4-23）可知

$$\lim_{\rho \to \infty}\beta^* = \lim_{\rho \to \infty}\frac{1}{\varphi(1+\rho k\sigma^2)}=0, \lim_{\rho \to 0}\beta^* = \lim_{\rho \to 0}\frac{1}{\varphi(1+\rho k\sigma^2)}=\frac{1}{\varphi}$$

$$\lim_{\rho \to \infty}q^* = \lim_{\rho \to \infty}\frac{1}{k\varphi(1+\rho k\sigma^2)}=0, \lim_{\rho \to 0}q^* = \lim_{\rho \to 0}\frac{1}{k\varphi(1+\rho k\sigma^2)}=\frac{1}{k\varphi}$$

参与方一定要承担一定的风险。分配系数 β 是 ρ、k 和 σ^2 的递减函数。参与方对待风险态度越是风险规避型，ρ 越大，项目联盟整体所创造的收益 π 的方差越大；参与方越是不愿努力工作，承担的风险越小。特别地，如果参与方是风险中性（$\rho=0$），最优合同条件下要求参与方承担完全的风险。即如果核心合作伙伴厌恶风险，则需要采用固定报酬契约，并且其固定报酬等于其保留收益 $\overline{W}$。如果核心合作伙伴是风险中性者，则其将承担全部风险，采用固定总价合同。

2）参与方都是规避风险的，且高风险高收益

在 IPD 项目中，由于绝对风险规避程度 $\rho>0$，参与方都是规避风险的。随着 ρ 不断上升，业主愿意提供的分配系数 β 会相应调低。这说明在激励机制中考虑了参与方应承担的风险责任，参与方越不愿意承担风险，业主愿意分给参与方的收益份额就越低，反之亦然。这也体现了"高风险高收益"的收益分配原则。因此，从风险分担角度来讲，分配系数也是激励系数，代表着激励与风险分担的结合。

3）努力水平与收益分配正相关

各参与方努力水平 q 是贡献系数、努力成本系数、风险规避系数和外生不确定性因素方差共同作用的函数。同时，努力水平 q 与分配系数 β 保持了一致性，成正比关系，与努力成本 k 成反比。各参与方自身能力越强，则单位努力成本 k 越低，努力水平贡献系数 φ 越大，努力水平 q 就越高；反之，其努力水平越低。

4.3.4　努力水平收益分配计算步骤

在努力水平影响因素下，IPD 项目收益分配计算步骤如下：

（1）根据式（4-19），建立业主的收益分配模型。

（2）根据式（4-23），求出分配系数和努力水平的最优解的表达式。

（3）任意选取一个参与方，讨论分配系数 β 随着风险规避系数 ρ 和风险方差 σ^2 变化情况。

（4）对关键参数 φ、k、ρ、σ^2 进行估计。

（5）根据式（4-23），确定分配系数 β。

（6）计算努力水平下各参与方的收益分配值。

本书 6.2.3 节将结合具体案例对努力水平因素下 IPD 项目收益分配模型进行分析与验证。

4.4　IPD 项目中风险分担因素收益分配策略

随着复杂项目的不断涌现，建设项目的规模越来越大，一个项目中涉及的参与方增

加，各种情况越来越复杂，工期变长，在项目建设过程中可能遇到的风险种类增加，风险也越来越复杂。因此，风险管理日益成为项目管理研究的热点。传统项目交付模式下，各方重视自身利益，轻视项目整体利益，把利益相关者常常视为敌对关系，不利于项目中的风险管理和工程变更管理，不利于项目顺利开展。IPD 是基于精益建造，以信任、协作团队为组织体系，以多方关系合同为合同环境，以 BIM 等管理信息平台为沟通手段，以集成为思想基石的新型项目交付模式。

本节研究 IPD 项目风险分担因素下收益分配策略，先构建风险分担原则、计算流程，建立 IPD 模式下风险分担指标体系，然后对项目进行风险识别、建立风险因素集、进行风险因素分类，识别 IPD 项目共担风险因素集，进一步用改进结构熵权法识别出关键共担风险，再基于 FAHP 计算风险评价指标权重，用 TFNs-TOPSIS 法计算各风险指标的贴近度，最后引入模糊贴近度的多目标分类方法，确定各参与方的风险分担系数。具体将按照图 4-1 所示的流程进行。

（1）风险识别与分类。本书分四步进行 IPD 项目风险识别，首先通过"风险因素分解法"对 IPD 项目的风险进行分析，其次用文献分析法梳理国内外 IPD 项目风险方面的文献，再次建立 IPD 项目两级风险因素，最后采用脚本法和 WBS 法建立 IPD 项目的风险集。

（2）建立风险分担评价指标体系。根据 IPD 项目的特点和风险分担的原则，用文献研究法建立三个一级指标、七个二级指标的两级风险分担评价指标体系。

（3）识别关键共担风险。通过调查问卷（见附录 B——IPD 项目风险分担各级指标相对重要性调查问卷），采用典型调查法，邀请 k 位专家，分别对风险评价指标进行打分，对重要性进行排序，并在小组内相互讨论、协商，得出重要性的排序意见，创建各指标的评价矩阵，经过改进结构熵权法计算共担风险的权重，再对结果用熵值法进行"噪声"处理，从而得到各级风险指标的权重数值。对二级风险因素的加权权重由大到小排序后，累计达 65% 者确定为关键共担风险因素。

图 4-1　IPD 项目风险分担下收益分配策略的计算流程

（4）确定评价指标权重。通过问卷调查（见附录 C——IPD 项目风险分担评价指标权重调查问卷），用 FAHP 法计算风险分担指标权重。先创建优先关系矩阵，并改造成模糊一致矩阵，通过模糊一致性检验后，求出模糊判断矩阵权重，对模糊互补判断矩阵进行模糊一致性检验后，即可得到风险评价指标体系的加权权重。

（5）进行风险分担系数计算。通过问卷调查（见附录 D——IPD 项目各参与方风险分担能力评价调查问卷），请专家对参与方风险分担的评价进行李克特五分法赋分，然后利用三角模糊语义法将模糊语义量化，用 TOPSIS 法确定加权正理想解和负理想解，算出各个指标与正负理想解的距离和贴近度。再用模糊贴近度多目标分类法的 Softmax 函数进行标签分类，确定各参与方的风险分担系数，从而求出各个核心参与方的风险分担值。

4.4.1 IPD 项目风险识别流程

考虑 IPD 项目风险特征，IPD 模式的特点，满足各参与方对风险分配的偏好，合理地分配项目前期策划、设计、建设等各个阶段的风险。有效地识别 IPD 模式下工程建设项目的风险因素，是 IPD 项目风险问题中的一个很重要的问题，也是后续进行收益分配的基础，是各参与方在 IPD 项目中能否顺利进行的关键因素。IPD 项目风险识别流程如图 4-2 所示。

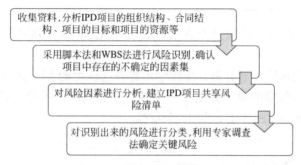

图 4-2 IPD 项目风险识别流程

4.4.2 IPD 项目风险因素分类

项目风险分析是运用风险分析方法对项目潜在的或者可能遇到的所有不确定因素进行分析，并评估风险造成的影响。辨析出影响 IPD 模式下项目功能/价值目标交付和完成项目目标的主要风险，是进行风险分担研究的首要工作。

本节从全过程管理和项目参与方的维度来进行风险分析，采用脚本法和 WBS 法来建立 IPD 项目风险集。

（1）通过文献分析法梳理国内外 IPD 项目的文献，归纳 IPD 项目中主要风险因素指标体系，如表 4-1 所示。

IPD 项目风险因素的研究成果 表 4-1

学者	风险因素	
	一级指标	二级指标(个数)
Kerur 和 Marshall(2012)[237]	政策风险、经济金融风险、社会风险	20
Xu 和 Lv(2014)[238]	技术风险、成本风险、人员风险、合同风险、变更风险和法律风险	—
郭生南(2014)[89]	政策风险、市场风险、经济风险、施工风险、经营风险和自然风险	18
程镜霓(2014)[91]	宏观层、中观层、微观层	25
吕鹏(2014)[90]	技术风险、法律风险、成本风险、人员风险、变更风险	11
张智(2015)[110]	社会、政治风险，意外事故和自然风险，法律经济风险和行为风险	19

续表

学者	风险因素		
	一级指标	二级指标(个数)	
张思录(2017)[239]	政策级、环境级、项目级	—	
罗亚楠(2017)[240]	宏观层、中观层、微观层	15	
于琳(2017)[144]	宏观层、中观层、微观层	16	
郝之鹏(2017)[93]	外部风险、内部风险	25	
王首绪(2018)[95]	宏观层、中观层、微观层	25	
徐健(2019)[17]	政治风险、法律风险、信用风险、经济风险、施工风险和运营风险	21	
许玲(2019)[241]	自然环境风险、社会环境风险、关系风险、管理风险、技术风险	20	
Su,Hastak 和 Deng (2021)[242]	—	38	

（2）借鉴融资类项目的风险分类方法，通过"风险因素分解法"对 IPD 项目的风险进行分析。

对于 IPD 项目的风险因素分类，按照学术界普遍认可的 Li（2005）[243]，建立了英国 PPP/PFI 建设项目的风险清单，提出了一个基于三类风险的元分类，即宏观层风险、中观层风险和微观层风险（图 4-3），共 46 个指标。

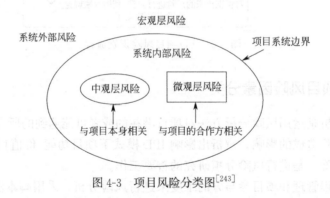

图 4-3　项目风险分类图[243]

（3）以 IPD 项目全过程管理为主线，对三类风险进一步分析，归纳 IPD 项目主要风险因素。

宏观层风险即存在于建设项目外部的风险。在分析宏观层的风险时，采用脚本法。脚本法常用的工具有 PEST 分析、基于 SWOT 分析的道斯矩阵和利益相关性分析三种。本书采用 PEST 分析法，即从政治（Political）、经济（Economical）和社会（Social）这三个方面来分析宏观层的风险因素，技术（Technological）方面则在中观层中详细分析。

中观层风险为与工程建设项目有关的风险，即风险事件发生及其后果均在项目系统边界内。这类事件包含在项目概念/决策阶段、设计阶段、施工阶段，涉及 IPD 项目全过程管理。中观层风险采用 WBS 方法分析。从时间的维度清晰划分阶段，按照项目实施的过程进行分解，并有效地展现风险影响状况。

微观层风险包含建设项目合作方之间存在的风险，即与当事人有关，而不是与项目直接相关。

从这三个方面对建设项目的风险进行分类，更加清晰、系统地展示出风险，避免风险识别过程中有所遗漏，也有利于后期的风险监控和风险管理。

因此，参考大量文献，通过文献分析法，结合经验分析，考虑 IPD 的应用状况，结合 IPD 项目特点，根据脚本法和 WBS 法，构建 3 个层面、8 个风险来源、25 个风险因素的 IPD 模式项目风险因素集，具体内容分析见表 4-2。

IPD 项目风险因素集

表 4-2

风险层面	风险来源	风险因素	主要参考文献
宏观层	自然环境 M_1	不可抗力风险	[89]、[90]、[91]、[93]、[95]、[144]、[239-242]
		地质和气候条件风险	[89]、[90]、[91]、[93]、[95]、[144]、[239-242]
	政治法律 M_2	政局动荡风险	[17]、[89-90]、[93]、[95]、[144]、[239-242]
		政府政策变化风险	[17]、[89-90]、[93]、[95]、[144]、[239-242]
		行业法律法规变动风险	[17]、[89-90]、[93]、[95]、[144]、[239-242]
	经济环境 M_3	利率/汇率变化风险	[89]、[90]、[91]、[93]、[95]、[144]、[239-242]
		通货膨胀	[17]、[89]、[91]、[95]、[239]、[241]、[242]
		项目需求水平	[89]、[90]、[91]、[93]、[95]、[144]、[239-242]
中观层	社会人文环境 M_4	公众对待项目的态度	[17]、[89-90]、[93]、[95]、[144]、[239]、[240]、[242]
	项目决策阶段 M_5	项目资金筹措风险	[17]、[89]、[91]、[95]、[239]、[241]、[242]
		项目规划风险	[17]、[89-90]、[93]、[95]、[144]、[239-242]
		合作伙伴选择的风险	[17]、[89-90]、[93]、[95]、[144]、[239]、[241]、[242]
	项目设计阶段 M_6	设计缺陷风险	[17]、[89-90]、[93]、[95]、[144]、[239-242]
		合同风险	[17]、[89-90]、[93]、[95]、[144]、[239-242]
		参与方能力风险	[17]、[89-90]、[93]、[95]、[144]、[239-241]
	项目建设阶段 M_7	工程变更风险	[17]、[89-90]、[93]、[95]、[144]、[239-242]
		成本超支风险	[17]、[89-90]、[93]、[95]、[144]、[239-242]
		技术实现风险	[89]、[90]、[93]、[95]、[144]、[239-242]
		项目质量风险	[17]、[89-90]、[93]、[95]、[144]、[239-242]
		项目进度风险	[17]、[89-90]、[93]、[95]、[144]、[239-242]
		项目安全风险	[17]、[89-90]、[93]、[95]、[144]、[239-242]
		资源供应风险	[89]、[91]、[90]、[93]、[95]、[144]、[239-242]
		项目试运行风险	[89]、[91]、[90]、[93]、[95]、[144]、[239-242]
微观层	项目合作方之间 M_8	合作关系风险	[89]、[91]、[90]、[93]、[95]、[144]、[239-242]
		第三方风险	[89]、[91]、[90]、[93]、[95]、[144]、[239-242]

1. 宏观层风险

宏观层风险，是存在于工程建设项目的外部，与项目的直接关联性不强但会对项目的实施造成一定影响的风险。这一层面风险发生在项目的系统边界之外，属于外生型风险。包含国家或行业、公共政策等的风险和自然风险。宏观层风险主要来源于四个方面：自然环境、政治法律条件、市场经济环境和社会人文环境。

1）自然环境

自然环境中的风险主要包括不可抗力、气候地质条件等方面。不可抗力指在建设项目实施过程中难以预见、不可避免的事件，如百年一遇的特大暴雨、台风、地震等自然现象，或战争等严重的动乱以及传染性疾病等社会异常现象。

气候环境是项目所在地的气候条件对工程建设项目造成的影响，如雨期可能会导致工期延长，进而增加建设成本。地质条件是建设项目可能出现在地质勘察时难以预料和发现的情况，如建设地地质情况异常复杂、建设地出现文物等情况，会对项目的实施方案产生影响，加大项目的建设难度，更有甚者会中止项目施工。

2）政治法律条件

该风险主要包括政府政策变化风险、行业政策法律法规变动风险、政局动荡风险以及强烈的政治反对/敌意等。政府政策变化风险是指在项目实施过程中可能涉及税收政策或者其他与项目有关的政策可能发生变化，这将对项目产生很大影响。此外，行业政策法律法规变动可能会对项目产生积极或消极的影响，例如手续减少的政策变化，会节约项目工期和成本，而工程建设项目验收标准的提高，则可能导致项目需要追求更高的质量，进而会延长工期、增加成本，另外税率等的变化，会给项目带来直接的经济影响。政局动荡风险，在项目规划前期需充分考虑，社会不稳定会严重影响项目能否实施。

3）市场经济环境

经济环境风险包括通货膨胀、利率/汇率变化和市场需求变化。通货膨胀幅度过大，会造成货币贬值，进而使 IPD 项目建设成本增加、工人福利减少，对项目产生不利后果。利率变化方面：若利率上升，不但会使业主的融资成本升高，而且会使项目必需资金难以及时获得，这样可能使业主的投资意愿降低，项目的规模缩减，进而降低收益。反之利率下降则会降低业主的资金成本，收益将有所升高。市场需求变化：若市场需求下降，会使建筑产品销售降低，进而影响资金回收和循环的时间或者项目能够实施的可能性降低。

4）社会人文环境

项目的建设将会对建设地的居民产生一定的影响，建设地的文化、习俗、价值观深刻影响着居民对项目的态度。当地群众对于建设项目是否认同，在项目规划前期应该做项目互适性分析，对建设地居民的意愿做充分的调查，避免后期项目建设过程中，由于居民对于项目的不支持而采取抵制行为，影响项目进程。

2. 中观层风险

中观层风险来源于项目内生，即风险事件及其后果发生在项目的系统边界内，包含在工程建设项目的概念/决策阶段、设计阶段、建设阶段。

1）IPD 项目的概念/决策阶段

这个阶段存在的风险主要有：项目资金筹措风险、项目规划风险和合作伙伴选择风险。项目资金筹措成本、项目对投资者的吸引程度等都存在风险。项目规划，即确定项目技术路线、匡算项目成本、确定项目的边界、规模、工期、目标及经济性能。IPD 项目在早期就应对项目规划有定论。如果没有对项目目标进行清晰的界定和在项目规划阶段分析项目的可行性，可能会导致工程建设项目无法进行。由于并不是所有的团队都适合加入 IPD 模式的项目，IPD 项目对成员获取信息的能力、沟通能力、思想开放和包容性的要求比较高。项目综合交付的过程是一个动态解决一系列问题的过程。因此，可能出现合作单位不适应 IPD 模式文化，需要更换合作伙伴，这会对项目的施工工期、工程质量造成严重影响。

2）IPD 项目的设计阶段

设计阶段是项目由概念阶段转为可实施阶段的重要阶段。主要风险包括设计缺陷风险、合同风险、参与方能力风险等。

设计缺陷风险：主要是项目设计方案达不到使用或者功能要求，设计方案存在错误或者冲突，设计变更或者漏项，或者工程的设计过于复杂或个性化，不利于施工等，使得项目无法达到预期效果而造成的风险。

合同风险：由于 IPD 模式在国内尚处于研究阶段，适用于 IPD 模式的合同尚不成熟，各国的 IPD 合同也不尽相同，IPD 合同属于关系型合同，因而各方的权益如果没有法律法规的保障，会造成一些冲突，使项目不能顺利实施。

参与方能力风险：IPD 模式下建设项目各参与方的能力对项目起到推动作用，有助于赢得相互信任。若各方能力相互匹配，就更能提高成员各自的贡献度，促进团队之间实现资源共享、风险共担、收益共享、降低成本，提高项目整体效益。若各方能力不能相互匹配或适应 IPD 模式的文化，则可能导致有的参与方中途会退出，项目不能顺利实施。

3）IPD 项目的建设阶段

项目建设阶段包括施工阶段和竣工验收阶段。主要存在工程变更风险、成本超支风险、技术实现风险、项目质量风险、项目进度风险、项目安全风险、资源供应风险和项目试运行风险。

工程变更风险：项目在实施时，由于设计方案变更、建筑材料质量、材料替换、施工工序变化和业主调整工作内容等问题，会导致项目的成本变化和工期延误，严重的情况下会影响项目的顺利实施。

成本超支风险：材料与劳动力成本发生较大的涨幅、技术工艺成本过高等情况，均有可能引起 IPD 项目在设计、采购、施工等关键环节成本的增加，最终影响 IPD 项目整体成本目标的实现。

技术实现风险：指项目施工方法不当或者先进的施工技术难以开展等问题，导致项目停滞或窝工带来的风险。现在建筑结构日趋复杂化，新材料、新技术也层出不穷，在项目中使用会存在风险。同时，虽然 IPD 模式得以实现的技术手段，如 BIM 技术、ICT 技术等在国内外应用取得较大的进展，但各参与方对技术的掌握程度不一，在技术选择上会存在一定的分歧，或者各专业间信息模型不能良好对接，不同阶段 BIM 模型精度要求不一致等，会对后续各方之间的信息流通形成阻碍。也可能有技术过于陈旧，跟不上使用和发展的需要。技术风险直接威胁建筑施工的质量和项目交付时间，一旦出现技术风险，项目建设会变得很困难或难以成功。

项目质量风险：工程质量是项目竣工验收时的主要指标，也是工程款支付的重要依据。质量是一个工程项目的基石。IPD 项目中，工程施工质量直接决定了项目施工方最后的收益分配，也会直接影响参与方的品牌商誉等无形资产。

项目进度风险：在项目实施过程中出现的影响施工进度的因素，使项目出现不能在规定工期完成既定目标的风险。

项目安全风险：施工过程中由于安全教育不到位、缺少安全防护措施、缺乏安全意识等因素会导致安全事故发生；同时，需要整治施工现场安全生产重大事故隐患，减少或消除各种不安全因素，促使项目安全生产形势的持续稳定发展，消除事故隐患，防止或减少生产安全事故的发生。施工安全风险会影响项目工期和成本，同时对项目各参与方所获得的利益也会产生重大的影响。

资源供应风险：IPD项目中，主要的资源供应商会和承包商签订合同。若在IPD项目实施时，生产资料的供应（包括劳动力、材料、施工机械、生产设备等）出现延迟，或者质量与合同要求不符等问题，会对项目的进展和团队的合作产生很大的影响。

项目试运行风险：对于工业项目，项目交付前，会进行单体调试、联合调试和启动试运行。这期间，可能存在设备本身的质量缺陷、设备运输或者装卸期间操作不当形成的损害，施工方未按设计图纸或者未按施工要求进行与设备安装相关的土建工程施工，以及第三方编制的试运行方案不合理、不科学等因素都会使项目试运行存在风险，这些风险会造成巨大的经济损失。

3. 微观层风险

微观层风险代表利益相关者在项目采购过程中出现的风险，主要是指合作关系风险和第三方风险。微观层风险也是IPD项目的内生风险，非项目本身产生的风险，而是项目中各参与者之间的关系产生的风险，即人与人之间关系带来的风险，彼此不信任，会影响团队间的信息共享，要避免由于信息不对称而造成项目决策的误判。

合作关系风险包括参与者之间的信任风险、组织和协同风险、权责划分风险、IPD实施经验不足、道德风险、合作伙伴之间的工作方法和专业知识的差异导致的沟通风险等。由于IPD模式的核心是项目的各个参与方共同承担风险，信任和沟通在项目关系中占有非常重要的地位。第三方风险包括第三方侵权责任和员工危机等。

4.4.3　风险分担指标体系

在IPD项目的早期，各个核心参与方通过合同或者契约对风险分担问题进行明确分配，建立共同认可的风险分担机制，希望满足公平性、合理性和有效性，达到共赢的目的。合理的风险分担应该能达到两个目标：

（1）风险承担者对各自承担的风险能有效控制，降低风险发生的概率，减少控制风险的成本和风险损失。

（2）风险分担结果各参与方均无分歧，要有利于合同各方更加理性、谨慎地完成任务。

为了实现上述两个目标，科学合理地确定风险分担比例，需遵循风险分担的原则。采用文献分析法确定风险分担的原则，并对风险分担原则的相关研究成果进行了梳理，结果见表4-3。

风险分担原则的研究成果（仅列出前5项）　　　　　　　　　　　　　表 4-3

风险分担原则	学者	出现次数
风险与控制力对称原则	廖秦明[244]、杨秋波[245]、邓小鹏[246]、杨宇[247]、张水波[248]、周运先[249]、刘新平[250]、秦旋[251]、章昆昌[252]、田莹[253]、叶秀东[254]、刘世雄[255]、Elbing[256]、Khazaeni等[257]	14
风险与收益相对称的原则	廖秦明[244]、杨秋波[245]、邓小鹏[246]、张水波[248]、周运先[249]、刘新平[250]、章昆昌[252]、田莹[253]、刘世雄[255]、Loosemore[258]、Francesco[259]	11

风险分担原则	学者	出现次数
风险控制成本最低原则	邓小鹏[246]、周运先[249]、秦旋[251]、章昆昌[252]、叶秀东[254]、刘世雄[255]	6
直接损失承担原则	邓小鹏[246]、张水波[248]、周运先[249]、秦旋[251]、田萤[253]、章昆昌[252]	6
归责原则	邓小鹏[246]、张水波[248]、周运先[249]、秦旋[251]、田萤[253]	5

按照出现次数，从高到低进行排序，仅仅列出出现次数排名前 5 的风险分担原则。从表 4-3 中可以看出，对于风险分担原则，尚无统一的标准。但在一定程度上，从各原则出现的频次看，原则还是比较集中的。基于以上对研究结果的梳理，结合 AIA、Consensus DOCS 300 等 IPD 模式标准合同的相关条款，在考虑 IPD 模式"风险共担，收益共享"特点的基础上，确定 IPD 模式风险的分担原则有：

（1）共担风险的原则

IPD 模式下工程项目各个参与方的风险分担即为共同承担项目风险发生所造成的损失，将风险管理整体最优化为目标，划分各方应管理的风险。

（2）风险偏好原则

项目的一项风险应该由对该风险偏好系数最大的参与方承担。风险偏好系数越大，说明该参与方越适合承担该风险，越愿意承担较高的风险而获得较大的回报，这样可以达到项目整体满意度最大。

（3）风险与收益对等

这一原则以"责利对等"为宗旨，由在风险控制活动中获利最大的一方来承担最大的风险。IPD 模式一个基本原则为"共享收益，共担风险"，即所担风险越多，所得收益也应越多，项目的各参与方在项目中的收益和风险应该成正比。因此，当参与方承担较大的风险时，应该获得较大的收益。

（4）风险与控制力对等

风险与控制力对等原则，是指将风险分配给对风险最有控制力并能够以较低的成本控制该风险，或是能够更好地预见该风险并进行有效的风险管理的一方[260]。这主要表现在参与方的财务能力、管理能力、技术能力以及突发事件的处理能力等方面。另外，由于风险在自己控制范围内，风险承担者也能更积极、主动、有效地进行风险管理事宜。同时，最有控制力意味着风险控制的成本最低。

此外，IPD 模式也应遵守国际工程项目通用的一项风险分担原则——将部分不可控风险（如不可抗力）转移交给第三方保险公司分担，减少参与方的负担，减少风险带来的损失。

根据建立的风险分担原则，结合 IPD 项目风险分担的特点，用文献分析法构建 IPD 项目风险分担评价指标体系，包括三个一级指标和七个二级指标，如表 4-4 所示。

风险分担评价指标体系　　　　　　　　　　　　　　　　表 4-4

目标层	一级指标	二级指标	参考文献
风险分担 比例	风险承担意愿	风险偏好	[244-246]、[249]、[252]、[253]、[256]
		风险期望收益	[244-247]、[249]、[251-253]、[256]、[257]

续表

目标层	一级指标	二级指标	参考文献
风险 分担 比例	风险管理能力	风险预测能力	[244-249]、[251]、[253]、[256]、[257]
		风险评估	[246]、[248]、[249]、[251]、[253]、[255]、[256]
		风险发生机会控制能力	[245]、[247]、[249]、[252]、[255]、[257]
	风险承担能力	发生后果处置能力	[245]、[247]、[248]、[250]、[253]、[255]、[256]、[258]
		应急资金	[244-248]、[250]、[251]、[253]、[255]、[256]

4.4.4　关键共担风险识别

1. IPD 模式下共担风险

IPD 模式下的合同形式多采用综合协议形式 IFOA，它是一种"关系"合同，创建一个风险共担系统，目标是降低整体项目风险，而不是将其转移给其他参与方。这是一种对所有参与者"人人为我，我为人人"的平等协议。风险应急基金由项目参与方共同管理，而非业主独自决定使用。

共同分担风险机制不仅可以使各参与方相互信任，相互监督，也使各参与方不能像传统交付方式将风险转移给其他参与方，互相推诿风险。这有利于各参与方排除杂念，更好地去实现项目目标。共同分担风险机制下，收益/风险共享，全部或者部分的利润是在存在风险条件下，费用超支或者最终补偿或者分摊成本≤目标成本[261]。这种机制下降低风险是通过组织和操作流程，而不是通过隐藏在商业合同中的条款。对 IPD 这种精益项目交付方式的研究表明，适当地运用精益思想，可以让与成本、质量、工期和安全问题等有关的风险显著减少甚至消失（Lichtig，2010）[262]。

同时，有的 IPD 合同文本还设置豁免条款。比如 AIAC195 合同中规定非恶意伤害等7 项特殊情况外，各参与方责任豁免，放弃一切诉讼权利。C195 系列合同是目前通用 IPD 合同文本中唯一放弃诉讼权利的合同。豁免部分索赔可以实现风险共担，减少工程变更，减少参与方之间冲突与纠纷，提高争议处理效率，加强相互信任，提升合作关系，增加项目生产效率。

IPD 项目的风险，可以归为某一参与方承担的风险和共担风险。对上述表 4-2 中 25 种风险进行辨别，并分析 IPD 模式下风险分担体系。项目的某一参与方独自承担某个风险若更有利于管理和控制风险，可以将该风险直接分担给能够完全控制风险的一方。如供应商所供应的材料、设备质量风险，可由供应方分担。而在 IPD 项目中，大部分的风险是由各参与方共同承担的。工程变更风险大多是由设计变更引起的，因此在进行风险分担时可以考虑工程变更风险或者设计风险两者中的一个。施工安全风险可能由多种风险因素引起，但由于施工方对其具有完全控制权，因此施工安全风险可归因于施工方。不可抗力风险由第三方保险公司进行风险转移。因此，将表 4-2 中 IPD 项目风险因素集进一步分析，风险主要承担者用"√"表示，建立 IPD 模式风险分担体系如表 4-5 所示。

从而选定 IPD 模型建设项目中的共担风险因素共 16 种，建立 IPD 模式下共担风险因素集如表 4-6 所示。

IPD 模式风险分担体系 表 4-5

风险来源	风险因素	风险主要承担主体				
		业主	设计方	施工方	共同承担	其他
自然环境 M_1	不可抗力风险					✓
	地质和气候条件风险				✓	
政治法律 M_2	政局动荡风险	✓				
	政府政策变化风险				✓	
	行业法律法规变动风险				✓	
经济环境 M_3	利率\汇率变化风险	✓				
	通货膨胀				✓	
	项目需求水平				✓	
社会人文环境 M_4	公众对待项目的态度				✓	
项目决策阶段 M_5	项目资金筹措风险	✓				
	项目规划风险				✓	
	合作伙伴选择的风险				✓	
项目设计阶段 M_6	设计缺陷风险				✓	
	合同风险	✓				
	参与方能力风险			✓		
项目建设阶段 M_7	工程变更风险		✓			
	成本超支风险				✓	
	技术实现风险				✓	
	项目质量风险				✓	
	项目进度风险				✓	
	项目安全风险			✓		
	资源供应风险				✓	
	项目试运行风险	✓				
项目合作方之间 M_8	合作关系风险				✓	
	第三方风险				✓	

IPD 模式下共担风险因素集 表 4-6

一级指标	二级指标
宏观层	地质和气候条件风险 U_{11}
	行业法律法规变动风险 U_{12}
	政府政策变化风险 U_{13}
	项目需求水平变化风险 U_{14}
	公众对待项目态度风险 U_{15}
	通货膨胀风险 U_{16}

续表

一级指标	二级指标
中观层	项目规划风险 U_{21}
	合作伙伴选择的风险 U_{22}
	设计缺陷风险 U_{23}
	施工进度风险 U_{24}
	成本超支风险 U_{25}
	项目质量风险 U_{26}
	资源供应风险 U_{27}
	技术实现风险 U_{28}
微观层	合作关系风险 U_{31}
	第三方风险 U_{32}

由于表 4-6 中的 16 种共担风险的重要性是不一样的，本书用改进结构熵权法来识别关键共担风险，为进一步的风险分担研究提供数据基础。

2. 改进结构熵权法识别关键共担风险

学者们一般采用文献分析法或者调查问卷法，确定关键共担风险。这两种方法不可避免地主观性比较强，对结果可能存在偏差。因此，本节采用改进结构熵权法，用"专家平均认识度"和"认识盲度"可以消除"噪声"，得到更为准确的关键共担风险因素。用改进结构熵权法计算各个 IPD 项目风险分担因素的权重并排序后，再选取权重累计达到 65% 的风险因素作为关键共担风险。

结构熵权法是程启月（2010）[119] 提出的一种结合主观赋权和客观赋权确定权重的方法，能够避免主观赋权法过多强调专家的经验和主观看法，而客观赋权法严格遵守数据，结果有可能背离实际，且难以科学地解释。结合德尔菲专家意见法和模糊分析法，先用主观评价法将专家对同一层次各个指标重要程度的意见进行处理，形成"典型排序"，再通过客观赋权法的熵权法，对数据"盲度"分析，以减少"典型排序"的不确定性，进行"扫盲"，从而确定同级指标重要程度数值，即各个指标的权重[119]。

但是结构熵权法有几点值得商榷，因此，对典型排序的隶属函数和认知盲度的定义进行了修正，改进结构熵权法的具体步骤如下：

STEP1：建立"典型排序"

由于 IPD 模式在国内并不被广大业内人士熟悉，因此采用典型调查法进行问卷调查（附录 B——IPD 项目风险分担各级指标相对重要性调查问卷），是一种选取少数极具代表性的专家进行调查的统计方法，适用于像 IPD 模式这种新问题、新情况的调研。具体的问卷调查专家和对问卷的处理在 6.2.4 中展开描述。

根据测评指标集确定指标集，然后按照德尔菲法的程序与要求，向 k 名专家进行问卷调查，设计如表 4-7 所示的"同级指标权重专家打分表"，通过多轮讨论，形成专家"排序意见"，即为"典型排序"。这个计算过程体现了群决策一致性判断。

同级指标权重专家打分表　　　　　　　　　　　表 4-7

	指标 1	指标 2	……	指标 n
专家 1				
专家 2				
……				
专家 k				

说明：专家对以上指标进行排序时，按照 1、2、3 等顺序排列，数值越小说明该指标越重要，数值相同表明两个指标同等重要。

设评价指标体系排序为 $U=\{u_1,u_2,\cdots,u_n\}$，由 k 个专家的问卷获得的指标"典型排序"矩阵记为 $A(A=(a_{ij})_{k\times n},i=1,2,\cdots,k;j=1,2,\cdots,n)$。其中 a_{ij} 是第 i 个专家对第 j 个指标 u_j 的评价。

STEP2：进行"盲度分析"

对表(4-7)中指标的定性判断结果采用熵理论计算熵值进行处理，来排除数据"噪声"给"典型排序"带来的潜在偏差，减少专家"典型排序"由于主观性带来的不确定性。

根据信息熵函数，上述定性的典型排序转化的隶属函数为[263]：

$$\chi(I)=-\frac{n+1-I}{n}\ln\frac{n+1-I}{n} \tag{4-24}$$

式中，I 为专家按照表(4-7)对某个指标评议时给出的定性排序数，若有 3 个指标 u_1、u_2、u_3，指标 u_1 是"首选选择"，则 $I=1$；若认为是第二选择，则 $I=2$，依次类推。

令 $I=a_{ij}$ 并代入式(4-24)中，可得 a_{ij} 的定量转化值 b_{ij}($b_{ij}=\chi(a_{ij})$)，b_{ij} 为排序数 I 的隶属函数值，即不确定性，$\chi(a_{ij})$ 为指标的信息效用价值，且 $\chi(a_{ij})\in(0,1)$。则可得隶属度矩阵为 $B(B=(b_{ij})_{k\times n},(i=1,2,\cdots,k;j=1,2,\cdots,n))$，$a_{ij}=1,2,3,\cdots,j$($j$ 为实际最大顺序号)。

STEP3：计算评价向量

数组 $\{1-b_{1j},\cdots,1-b_{kj}\}$ 为 k 个专家对指标 u_j 的"话语权"。记数组 $\{b_{1j},\cdots,b_{kj}\}$ 的算术平均值为 b_j，则：

$$b_j=\frac{(b_{1j}+b_{2j}+\cdots+b_{kj})}{k} \tag{4-25}$$

不失一般性，设 k 个专家对指标 u_j 的"话语权"相同，记($1-b_j$)为 k 个专家对指标 u_j 的"一致看法"，即平均认识度。

接下来，进行"扫盲"。根据熵的定义，专家在评价过程中由于认知产生的不确定性，称为"认识盲度"，记为 Q_j($Q_j>0$)，则：

$$Q_j=\max_i(b_{1j},b_{2j},\cdots,b_{kj}) \tag{4-26}$$

将 k 个专家关于同级指标的因素 u_j 的整体认识度记作 x_j，则：

$$x_j=(1-b_j)(1-Q_j),(x_j>0) \tag{4-27}$$

由此得到指标集的改进结构熵权值 $X=(x_1,x_2,\cdots x_n)$，即为第 k 个专家对指标集的评价向量。

STEP4：评价向量归一化处理

将向量 X 进行归一化处理，得到各风险因素 u_j 的权重系数，记为 β_j，则：

$$\beta_j = \frac{x_j}{\sum\limits_{j=1}^{n} x_j} \tag{4-28}$$

$w = \{\beta_1, \beta_2, \cdots, \beta_n\}$ 为评价集 $U = \{u_1, u_2, \cdots, u_n\}$ 的权重向量。

由此，得到了一级风险因素的权重集。同理，可以分别得到同层二级风险因素（共16个）的权重。然后，依次计算考虑一级风险因素权重后的二级风险因素的加权权重。再将二级风险因素加权权重由大到小排序后，取累计值达到 65% 的风险因素，将其识别为关键共担风险因素。

4.4.5 FAHP-TFNs-TOPSIS 法风险分担模型建立与求解

在识别出关键共担风险因素后，需进一步量化每个风险因素各承担主体的分担比例。先用 FAHP 计算风险评价指标权重，采用模糊集理论和 TOPSIS 相结合的方法——模糊 TOPSIS 法来确定风险分担比例。TFNs-TOPSIS 法是一种折中型的模糊法，属于多属性决策方法，采用模糊集理论对 TOPSIS 法进行改进，用 TFNs 处理主观评价的模糊性，能客观、科学、合理地将定性指标定量化，降低主观模糊性对指标的影响。TFNs 法与逼近理想解的排序方法相结合，既发挥 TOPSIS 法原理清晰、计算简便、便于拓展的优点，又通过引入模糊集概念将决策者判断的主观性转化为模糊值，将样本数据的多属性问题转化为模糊多属性决策问题。该法近年来在多领域的复杂决策中得到广泛应用。综合模糊评价法和灰色局势法这两种常见的权重确定方法，一般都是将主观和客观指标分开计算，再组合赋权，割裂了主观指标与客观指标之间的内部联系。模糊 TOPSIS 法能有效避免这个问题。

本书在以往研究成果的基础上，构建基于 FAHP-TFNs-TOPSIS 的风险分担定量模型，在对 IPD 项目风险因素排序的基础上，依据贴近度，去模糊化后，利用模糊贴近度多目标分类法进行标签分类得到各参与方的风险分担系数。

1. 基于 FAHP 的风险评价指标权重计算

风险分担各指标的权重直接影响着风险分担。由于层次分析法判断矩阵的获得对数据要求较高，直接从专家评分法得到的数据常常并不满足一致性，因此当评价指标体系复杂时，其运用就受到了很大的局限。而模糊层次分析法可以避免这一情况，应用性更广。本节采用模糊层次法来确定风险分担指标的权重。

STEP1：问卷调查

通过调查问卷（见附录 C——IPD 项目风险分担评价指标权重调查问卷），对风险分担指标体系的重要性通过 0.1~0.9 标度法进行打分。本次调查问卷发放 30 份，请 30 位专家进行交互性打分。回收 29 份，问卷回收率为 93.33%，有效问卷为 28 份，有效率为96.97%。问卷具有可信度。调查人员的基本信息分析见图 4-4 和图 4-5。

STEP2：信度和效度分析

为了保证调查结果的有效性，对调查问卷进行了信度分析。经 SPSS 软件分析，该调查表的信度系数 $\alpha = 0.897$。一般认为，信度系数在 0.7 以上即可认为问卷具有很好的信

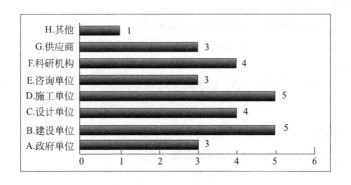

图 4-4　调查人员的工作领域分析

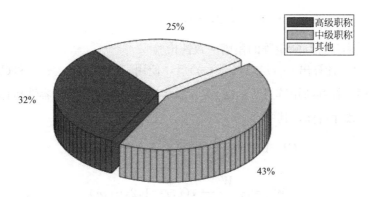

图 4-5　调查人员的职称分析

度。因此，该问卷信度表现良好，结果具有可靠性。同时，问卷内容效度和结构效度较好，表明该问卷具有良好的效度。

STEP3：建立优先关系矩阵

设矩阵 $A=(a_{ij})_{n \times n}$，若满足 $0 \leqslant (a_{ij}) \leqslant 1,(i=1,2,\cdots,n;j=1,2,\cdots,n)$，则称 A 为模糊矩阵。风险分担指标体系中一级指标有 3 个层次，令 $F_i=\{1,2,3\}$。邀请专家针对指标进行两两比较，用 a_{ij} 表示指标 a_i 相对于 a_j 的重要度。

邀请专家采用 $0.1 \sim 0.9$ 标度法（见附录表 C-2）进行对比打分，建立优先关系矩阵。优先矩阵必须满足以下条件：

$$a_{ii}=0.5,a_{ij}+a_{ji}=1 \qquad (i,j=1,2,\cdots,n) \qquad (4-29)$$

$$A=(a_{ij})_{n \times n}=\begin{bmatrix} a_{11} & a_{12} & \cdots & a_{1n} \\ a_{21} & a_{22} & \cdots & a_{2n} \\ \vdots & \vdots & \cdots & \vdots \\ a_{n1} & a_{n2} & \cdots & a_{nn} \end{bmatrix}$$

a_{ij} 与因素重要程度权重 w_i 之间的关系为：

$$a_{ij}=0.5+(w_i-w_j)a \qquad (i,j=1,2,\cdots,n),0<a \leqslant 0.5 \qquad (4-30)$$

a 是对感知对象差异程度的一种度量，与评价对象个数和差异程度有关，a 越大表示评价的个数或差异程度越大。

STEP4：将优先关系矩阵改造成模糊一致矩阵

若模糊矩阵 $A=(a_{ij})_{n \times n}$，满足任意 i，j，k，利用加性一致性，$a_{ij}=a_{ik}-a_{jk}+0.5$。记 $a_i=\sum_{k=1}^{n} a_{ik}$，$(i=1,2,\cdots,n)$，做变换 $a_{ij}=\dfrac{a_i-a_j}{2n}+0.5$，将优先矩阵 A 转换为模糊一致矩阵 A^*。

STEP5：求解模糊判断矩阵 A^* 权重

计算指标 a_{ij} 的权重 $w_i(i=1,2,\cdots,n)$ 为：

$$w_i=\frac{\sum_{j=1}^{n} a_{ij}+\dfrac{n}{2}-1}{n(n-1)} \tag{4-31}$$

其中 $\sum_{i=1}^{n} a_{ij}=1$，$a_i \geqslant 0$，$i=1$，2，$\cdots$，n。

STEP6：模糊互补判断矩阵的模糊一致性检验

通过式(4-31) 计算出 $w_i(i=1,2,\cdots,n)$ 后，使用 $CI(A，B)$、w_{ij} 和 $CI(A，W)$ 分别代表两个模糊互补判断矩阵 $A^*=(a_{ij})_{n \times n}$，$B^*=(b_{ij})_{n \times n}$ 的相容性指标，A^* 的权重矩阵和 A^* 的一致性指标，其中：

$$CI(A,B)=\frac{1}{n^2}\sum_{i=1}^{n}\sum_{j=1}^{n}|a_{ij}+b_{ij}-1| \tag{4-32}$$

$$W_{ij}=\frac{W_i}{W_i+W_j}，(i,j=1,2,\cdots,n) \tag{4-33}$$

$$CI(A,W)=\frac{1}{n^2}\sum_{i=1}^{n}\sum_{j=1}^{n}|a_{ij}+W_{ij}-1| \tag{4-34}$$

决策者态度 α 越小，表明决策者对模糊判断矩阵的一致性要求越高，一般取 $\alpha=0.1$，将 $CI(A，B)$、$CI(A，W)$ 与 α 相比较，若 $CI(A，B)$、$CI(A，W)$ 均小于或等于 0.1，则认为判断矩阵有满意一致性；否则，不具有满意一致性，应再次构建模糊互补判断矩阵。

STEP7：确定指标权重

设邀请 m 个专家对因素集 X 进行两两对比，构造模糊互补判断矩阵：$A_k=(a_{ij}^{(k)})_{n \times n}，k=1,2,\cdots,m$，则可分别得到权重集的集合 $W^{(k)}=(w_1^{(k)},w_2^{(k)},\cdots,w_n^{(k)})，k=1,2,\cdots,m$，则进行模糊互补矩阵的一致性检验：

1）检验 m 个判断矩阵的满意一致性 $CI(A_k，W^{(k)}) \leqslant 0.1$，$k=1$，$2$，$\cdots$，$n$；

2）检验判断矩阵间的满意相容性 $CI(A_k，A_l) \leqslant 0.1$，$k \neq l$，$l=1$，$2$，$\cdots$，$m$。

满足上述两个条件的 m 个加权权重向量是合理可靠的，则：

$$W=(w_1,w_2,\cdots,w_n) \tag{4-35}$$

式(4-35) 中 $w_i=\dfrac{1}{n}\sum_{k=1}^{n} w_i^{(k)}(i=1,2,\cdots,n)$。最终所得到的 W 即为风险分担二级评价指标体系的加权权重。

2. 风险分担指标权重计算

通过调查问卷（附录 C——IPD 项目风险分担评价指标权重调查问卷），邀请 30 位专家，涵盖业主，总承包方、施工单位、设计单位等相关领域的专家，分为 3 组，对每个指标进行打分，然后对调查问卷（附录 C）回收，调查问卷结果经过数据处理，获得两级指标的两两重要性的比较值，分值如表 4-8～表 4-11 所示。

风险分担一级评价指标相对重要性打分表　　　　　　　　　表 4-8

一级指标	风险承担意愿	风险管理能力	风险承担能力
风险承担意愿	0.5	0.7	0.6
风险管理能力	0.3	0.5	0.6
风险承担能力	0.4	0.4	0.5

风险承担意愿 F_1 二级指标相对重要性打分表　　　　　　　表 4-9

风险承担意愿 F_1	风险偏好	风险期望收益
风险偏好	0.5	0.8
风险期望收益	0.2	0.5

风险管理能力 F_2 二级指标相对重要性打分表　　　　　　　表 4-10

风险管理能力 F_2	风险预测能力	风险评估	风险发生控制能力
风险预测能力	0.5	0.7	0.8
风险评估	0.3	0.5	0.6
风险发生控制能力	0.2	0.4	0.5

风险承担能力 F_3 二级指标相对重要性打分表　　　　　　　表 4-11

风险承担能力 F_3	风险偏好	风险期望收益
风险偏好	0.5	0.8
风险期望收益	0.2	0.5

根据式(4-29)，将专家打分用优先矩阵表示为：

$$A = \begin{bmatrix} 0.5 & 0.7 & 0.6 \\ 0.3 & 0.5 & 0.6 \\ 0.4 & 0.4 & 0.5 \end{bmatrix} \quad A_1 B = \begin{bmatrix} 0.5 & 0.8 \\ 0.2 & 0.5 \end{bmatrix}$$

$$A_2 B = \begin{bmatrix} 0.5 & 0.7 & 0.8 \\ 0.3 & 0.5 & 0.6 \\ 0.2 & 0.4 & 0.5 \end{bmatrix} \quad A_3 B = \begin{bmatrix} 0.5 & 0.4 \\ 0.6 & 0.5 \end{bmatrix}$$

利用式(4-30)化为模糊一致矩阵为：

$$A^* = \begin{bmatrix} 0.5000 & 0.5667 & 0.5833 \\ 0.4333 & 0.5000 & 0.5167 \\ 0.4167 & 0.4833 & 0.5000 \end{bmatrix}$$

$$A_1B^* = \begin{bmatrix} 0.5000 & 0.6500 \\ 0.3500 & 0.5000 \end{bmatrix} \quad A_2B^* = \begin{bmatrix} 0.5000 & 0.6000 & 0.6500 \\ 0.4000 & 0.5000 & 0.5500 \\ 0.3500 & 0.4500 & 0.5000 \end{bmatrix}$$

$$A_3B^* = \begin{bmatrix} 0.5000 & 0.5250 \\ 0.4750 & 0.5000 \end{bmatrix}$$

用 MATLAB2016a 计算（程序见附录 A.2），算得四个权重分别为：

$$w_A = (0.3668, 0.3222, 0.3110) \quad w_{A_1B} = (0.5768, 0.4232)$$
$$w_{A_2B} = (0.3898, 0.3221, 0.2881) \quad w_{A_3B} = (0.5125, 0.4875)$$

然后根据式(4-32)～式(4-34)，进行模糊判断矩阵的模糊一致性检验。经检验，模糊判断矩阵满足模糊一致性检验。

因此，可以算出风险分担两级评价指标体系的权重，如表 4-12 所列。

风险分担评价指标体系权重　　　　　　　　　表 4-12

目标层	一级指标	一级指标权重	二级指标	二级指标权重	二级指标加权后权重
风险分担比例	风险承担意愿	0.3668	风险偏好	0.5768	0.2116
			风险期望收益	0.4232	0.1552
	风险管理能力	0.3222	风险预测能力	0.3898	0.1256
			风险评估	0.3221	0.1038
			风险发生机会控制能力	0.2881	0.0928
	风险承担能力	0.3110	发生后果处置能力	0.5125	0.1594
			应急资金	0.4875	0.1516

3. 风险分担系数计算

通过调查问卷（附录 D——IPD 项目各参与方风险分担能力评价调查问卷），首先请专家对参与方风险分担的评价进行赋分，将模糊语义用 TFNs 量化，计算加权模糊指标，然后分别确定加权模糊正理想解和负理想解与它们的距离测度，算出贴近度，最后用模糊贴近度多目标分类法进行标签分类，确定各参与方的风险分担系数。

STEP1：确定指标的模糊语义集

由于评价指标的不确定性和主观性，采用评价语义表示。评价语义变量分为 5 个等级，即 VL（弱）、L（较弱）、M（一般）、H（较强）、VH（非常强）。利用三角模糊数将这些语义量化表示，其表达式为 $p_{ij} = (l_{ij}, m_{ij}, u_{ij})$，语义变量及其对应的模糊数如表 4-13 所示。

三角模糊语义集　　　　　　　　　表 4-13

赋值	语义变量	评语情况	模糊数
1	VL	弱	$(0, 0, 0.25)$
2	L	较弱	$(0, 0.25, 0.5)$
3	M	一般	$(0.25, 0.5, 0.75)$
4	H	较强	$(0.5, 0.75, 1)$
5	VH	非常强	$(0.75, 1, 1)$

下面利用模糊 TOPSIS 法确定指标的贴近度。

STEP2：计算加权模糊指标

根据模糊语义集，建立模糊矩阵 P，$P=[p_1,p_2,\cdots,p_m]^{\mathrm{T}}$。式中 p_i 表示参与方承担某项风险因素时，第 m 个风险分担二级指标评价的语义值。根据 4.4.5.2 节中求出的指标权重指标 $W_{F_{ij}}$ 以及模糊矩阵 P，即可以得到加权模糊矩阵 Q：

$$Q=[q_i]^{\mathrm{T}},q_{ij}=w_{ij}\Theta p_{ij} \tag{4-36}$$

STEP3：确定加权模糊正理想解和负理想解

利用 TOPSIS 法确定加权模糊正理想解和负理想解。评价指标可以分为效益属性值和成本类型属性值。正理想解中包含最多的效益属性值和最少的成本属性值，反之为负理想解。设 $p^+=(p_1^+,p_2^+,\cdots p_m^+)$，$p^-=(p_1^-,p_2^-,\cdots,p_m^-)$，其中分量 $p_j^+=\max\{p_{1j},p_{2j},\cdots,p_{nj}\}$，$(j=1,2,\cdots m)$ 是模糊决策矩阵 Q 的第 j 列的模糊指标值所对应的模糊极大值，$p_j^-=\min\{p_{1j},p_{2j},\cdots,p_{nj}\}$，$(j=1,2,\cdots m)$ 是模糊决策矩阵 Q 的第 j 列的模糊指标值所对应的模糊极小值。则根据表 4-13 每个二级评价指标的模糊正理想解和负理想解分别表示为 $p^+=(0.75，1，1)$，$p^-=(0，0，0.25)$，结合评价指标权重 W，则加权模糊正理想解和负理想解分别为：

$$q_i^+=p_i^+\Theta w_i,q_i^-=p_i^-\Theta w_i,i=1,2,\cdots,m \tag{4-37}$$

STEP4：计算各加权模糊指标值到理想解的距离测度

结合最小二乘法的基本思想，得到三角模糊数距离公式，这里采用欧式距离求解并衡量两个三角模糊数之间的差异。

$$d(q_j,q_j^+)=\sqrt{\sum_{j=1}^{m}(q_{1j}-q_{1j}^+)^2} \tag{4-38}$$

确定评价因素 i 与加权模糊正理想 q^+ 之间的距离 d^+：

$$d^+=\sum_{i=1}^{m}d(q_i,q_i^+),i=1,2,\cdots,m \tag{4-39}$$

确定评价因素 i 与加权模糊负理想 q^- 之间的距离 d^-：

$$d^-=\sum_{i=1}^{m}d(q_i,q_i^-),i=1,2,\cdots,m \tag{4-40}$$

STEP5：计算指标的贴近度

$$D=\frac{d^-}{d^++d^-} \tag{4-41}$$

显然，$0\leqslant D\leqslant 1$。贴近度 D 表示指标值对理想解的接近程度，D 值越小，说明风险由业主承担的比例越大。

STEP6：计算风险分担系数

在用模糊 TOPSIS 法计算出指标的贴近度后，用模糊贴近度多目标分类法进行标签分类，确定各参与方的风险分担系数。

模糊贴近度多目标分类法有多种方法，如二分类函数 Sigmoid、归一化指数函数等。二分类函数 Sigmoid 适用于标签贴在两个种类上，而归一化指数函数可用于多个种类的分类。因此，本书采用归一化指数函数。

归一化指数函数（Softmax 函数）实际上是有限项离散概率分布的梯度对数归一化，常用来计算多个不同事件的概率分类。一般，这个函数会计算每个目标类别在所有可能的目标类中的概率，即将多分类的结果以概率的形式展现出来。而计算出的概率有助于确定给定输入的目标类别。

Softmax 模型的含义是假设后验概率 $P(y \mid x)$ 服从多项式分布，$y=1,2,3,\cdots,k$，即有 k 类，根据多项式分布（$n=1$，也可以称为目录分布）的定义：

对于一个 k 分类问题，$y=1,2,3,\cdots,k$，参数有 $\phi_1,\phi_2,\cdots,\phi_k$ 则后验概率 $P(y \mid x)=\prod_{i=1}^{k}\phi_i^{I(y=i)}$，其中，$I(s)$ 是一个指示函数，当 s 是真时，$I(s)=1$，否则为 0，因此 $p(y=i \mid x)=\phi_i$。它把一个 k 维的实际值向量（a_1，a_2，$\cdots$，a_k）映射成另外一个（b_1，b_2，$\cdots$，b_k），其中 b_i 是一个 0~1 的常数，然后根据 b_i 的大小来进行多分类任务。

假设一个数组 V，V_i 表示 V 值中第 i 个元素，则该元素的 Softmax 值是：

$$S_i = \frac{e^{V_i}}{\sum_{j=1}^{n} e^{V_j}} \tag{4-42}$$

Softmax 函数加了 e 的幂函数，可以避免两极化：正样本的结果将趋于 1，而负样本的结果趋近于 0，这为多类别分类提供了方便。Softmax 函数的图像如图 4-6 所示。

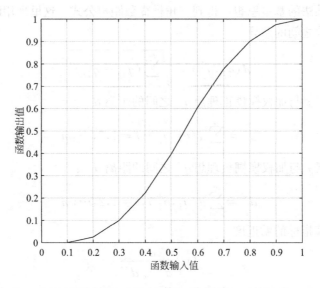

图 4-6　Softmax 函数示意图

由此，可以计算出 IPD 项目中，在考虑某一个风险分配因素时，各个参与方的风险分担系数。再把所有风险因素中三个核心参与方的风险分担比例分别相加，可以得到该项目中核心参与方总的风险分担比例。

本书 6.2.4 节将结合具体案例对风险分担因素下 IPD 项目收益分配模型进行分析与验证。

4.5　本章小结

在第 3 章分析了影响 IPD 项目收益分配四个主要因素的基础上，本章分别研究了 IPD 项目在四个主要贡献度、资源投入、努力水平和风险分担下，各参与方为了自身收益最大化具有自身的优化策略。主要内容包括：

（1）运用最大熵值法建立了贡献因素下 IPD 收益分配的模型，并用外点罚函数法对模型进行求解。该方法比传统的 Shapley 值法限定条件更少，更加符合项目的实际状况。

（2）用基于 Choquet 积分模糊合作对策法分析资源性投入下 IPD 收益分配的策略。该模型用参与程度来衡量参与方资源性投入，视 IPD 联盟为模糊联盟，引入了模糊测度 Choquet 积分的表达形式，描述了模糊联盟的合作模糊对策的支付函数和 Shapley 值，以及参与者参与程度的变化对模糊联盟可分配利润的影响以及各参与者的收益分配情况。

（3）用委托—代理理论的 Holmstrom-Milgrom 模型分析努力水平下 IPD 收益分配策略。本章建立了项目中业主支付给参与方报酬的线型契约模型。结合业主对参与方的激励合同设计的两个原则——参与约束原则和激励相容约束原则，建立了业主收益分配模型。然后求解出了成员的分配系数和努力水平最优解并进行初步的讨论。

（4）在分析风险分担下 IPD 收益分配策略时，本章结合 IPD 项目的特点，建立了 IPD 项目风险集。并进一步识别出 IPD 模式下 16 种共担风险。接着，建立 IPD 项目两级风险分担评价指标体系，利用 FAHP 法计算各级风险因素指标的权重，然后用改进结构熵权法确定 10 项关键共担风险，再用 TFNs-TOPSIS 法计算出指标贴近度后，用 Softmax 函数确定 3 个核心参与方的风险分担系数。

第 5 章

IPD 项目综合因素收益分配策略

第 3 章对 IPD 项目收益分配的影响因素进行了挖掘，第 4 章分别研究了四个主要因素贡献、资源性投入、风险分担和努力程度下，各参与方为了自身收益最大化而采取的自身优化策略。实际上，在合作博弈中，博弈者每次策略的变化，必定影响其他博弈者的行动。在各因素下，博弈者的策略相互依存，相互影响。因此，本章研究综合因素下 IPD 项目收益分配策略，以求共同收益最优化的策略。

根据 1.3.3 节文献综述中对收益分配研究现状的分析，常见的建设项目的收益分配方法有 Shapley 值修正法、满意度法、仿生优化群算法、Nash 谈判模型法和 TOPSIS 法等方法，并分析了各种方法的优劣。本书选用改进 Nash 谈判模型法建立 IPD 项目综合因素下收益分配策略。

IPD 模式下核心参与方收益分配过程是一个动态联盟分配变化的过程，把各参与方的最终收益与项目实施过程中的具体表现相结合，从公平、公正、有效等方面进行衡量，建立一个多目标多人不对称 Nash 谈判模型的多目标优化模型进行分析。

基于多目标多人合作对策的 Nash 谈判模型被广泛应用于供应链、虚拟企业和企业联盟中的收益分配问题研究中[113,264,265]。IPD 项目合作联盟签订具有约束力的协议，以保持联盟的稳定性，而协议的形成往往是联盟成员博弈的结果。虽然 Nash 谈判模型在 IPD 项目的应用研究较少，但是 IPD 项目收益分配过程也是博弈者谈判博弈的过程，属于协商谈判问题，因此，Nash 谈判模型适用于 IPD 项目收益分配问题。鉴于此，本书建立基于多目标多人合作对策的不对称 Nash 谈判模型对 IPD 项目参与者间的收益分配问题进行相关研究。

5.1 IPD 项目 Nash 谈判解

假设联盟中有 n 个核心参与方，在已知其他参与方策略的条件下，每个参与方选择能让自己利益最大化的最优策略，则所有局中人策略构成一个策略组合。这种由所有参与人最优策略组成的策略组合就是纳什均衡。

5.1.1　IPD 项目 Nash 谈判模型的三个要素

IPD 项目是一个合作博弈联盟。其通过多方协议，为提高联盟整体的收益而共同努力。项目实施期间，IPD 的各参与者展开谈判、讨价还价，最终会达成一个彼此都满意的收益分配方案。这个过程就是一个 Nash 谈判模型。该模型主要由三个要素构成。

（1）分配规则：用三元组 $S=(s_1,s_2,s_3)$ 表示整体收益分配规则，其中 s_i 表示各参与方的收益，假设谈判博弈的整体可分配利益为 m，则可行分配集为：

$$S=\{(s_1,s_2,s_3)\mid 0\leqslant s_i\leqslant m,\sum_{i=1}^{3}s_i\leqslant m\} \tag{5-1}$$

分配规则是 Nash 谈判模型的核心。

（2）效用偶：用三元组 $U=(u_1,u_2,u_3)$ 表示联盟整体效用，假设 u 表示效用，u_i 分别表示三方对分配规则的主观效用评价，是谈判方收益函数，则有 $u_i=u_i(s_i)$。效用函数描述参与方对收益的偏好，能反映参与方的风险态度。当谈判标的物为现金且博弈方为风险中性时，认为效用 u_i 等于 s_i，即 $u_i=s_i$。参与方选择策略后，会得到效用 u_i，u_i 通常是一个可行分配规则 S 到实数集的 ［0，1］区间的实值函数。即可用效用函数表示效用与策略之间的关系。

（3）谈判破裂点：三元组 $D=(d_1,d_2,d_3)$，用 d_i 表示谈判破裂点。每一个谈判过程，参与方存在选择方案的集合，集合中的每一个数值代表一个谈判结果。参与者都存在谈判底线，即能够接受谈判结果的极限值，任何谈判都有破裂的可能，对 IPD 项目而言，谈判破裂意味着联盟没有成立。多方的收益均为 0，即 $d_1=d_2=d_3=0$。由于当收益小于谈判破裂点时，则谈判中止，联盟可能解散，所以有 $s_i\geqslant d_i$。

若谈判的各参与方在效用函数、立场地位、谈判破裂点等方面均无差异，即满足完全的对等关系时是对称 Nash 谈判博弈。博弈双方谈判所得的收益分配结果是博弈均衡解。

5.1.2　IPD 项目 Nash 谈判模型构建

IPD 项目中，将各个参与方的联合看作是合作联盟，通过签署有约束力的协议，整体为提高项目的功能/价值而共同协作，付出努力，而后各核心参与者之间展开谈判，对分配收益进行协商、讨价还价，最终达成彼此间均可接受的合理的收益分配方案，这个分配方案就是合作博弈的解，而核心参与者之间的收益分配问题就是 Nash 谈判模型。

对于 IPD 项目 Nash 谈判模型，有如下基本假设：

假设 1：参与人理性。项目各谈判方满足理性人的假设，都追求自身收益的最大化，都能理性决策。

假设 2：正常沟通。项目谈判方愿意通过谈判优化收益，在谈判过程中各方有正常信息交流，且都不希望谈判破裂。

假设 3：公平性和有效性。收益分配谈判具有公平性和有效性，最终的收益分配方案具有公平性完全分配，无剩余。

假设 4：对称性。在谈判过程中，各影响因素对收益分配的影响一致，是对等关系。

鉴于以上的分析，将 IPD 项目的收益分配模型形式化表示为：$B(S,U,D)$。纳什发现，能够同时满足谈判公理的唯一解由以纳什积为目标函数得到，即 IPD 项目的 Nash 谈判模型为：

$$\max\prod_{i=1}^{N}(u_i(s_i)-u_i(d_i))$$

$$\text{s. t.}\begin{cases} s_i \geqslant d_i \\ 0 \leqslant s_i \leqslant S, (i=1,2,\cdots,N) \\ \sum_{i=1}^{N}s_i=S \end{cases} \tag{5-2}$$

$u_i(s_i)-u_i(d_i)$ 表示各收益分配主体后的收益分配比例与其各自收益分配分配比例谈判破裂点的差值，该值越大，最后的收益分配结果越能被谈判者所接受。

由此，IPD 项目收益分配问题转化成了在一定约束条件下的收益分配规划问题。对该模型进行求解得到均衡解，就是谈判的收益分配结果。

Nash 谈判博弈模型，是纳什在公理 2.1~2.6 的基础上推导出的，并认为谈判能够达到均衡，谈判解存在且唯一，所有参与方能同时达到协议的某一效用偶。这个模型考虑了合作博弈的两个基本原则：公平与效率。而在实际 Nash 谈判过程中的纳什均衡解的求解，不仅取决于谈判方的效用、威胁水平，还与双方在谈判过程中的力量对比、对谈判结果的关心程度等有关。Svejnar(1982)[266] 将 Nash 谈判模型进行了推广，引入了谈判力（Bargaining Power）的概念。

5.2 谈判力确定

前文通过对影响 IPD 项目收益分配的主要因素识别与挖掘，分析了四个主要因素——贡献、资源性投入、努力程度和风险分担下收益分配策略。通过分别建立模型，对这四个因素对 IPD 收益分配的影响进行了量化分析，得到了四个收益分配方案。在考虑这四个影响收益分配的因素综合影响下，对传统 Nash 谈判模型进行改进，引入谈判方的谈判力概念，建立不对称 Nash 谈判模型，对初始收益分配方案进一步优化。

5.2.1 谈判力

在不对称 Nash 谈判模型中，谈判力是谈判者所拥有的战略优势，也是一种实现自己预期结果的能力。谈判力为外生决定力，对谈判方实现超过 BATNA（最佳替代方案）的收益有较大的正面影响[267]。谈判力与各方的信息及专业知识、在联盟中所处的地位、谈判双方的目的、参与方资源的独占性、风险态度等因素有关。

令谈判方 i 从最终谈判解中得到的净收益为 s_i，且 $\sum s_i=S$，其效用函数为 $u_i(s_i)$。对谈判方 i 来说，$u_i(s_i)$ 最大化是谈判目标，令 Z 为谈判者对谈判对方交互关系中所具备的影响力等因素，他们是影响谈判但不直接进入谈判方效用函数的向量。谈判力用 Y 表示，则 Y 由 Z 决定。谈判方 i 的谈判力用 $\vartheta_i(Z)$ 表示。d_i、$u_i(s_i)$、$\vartheta_i(Z)$ 三者间有如下特点：

(1) $0 \leqslant \vartheta_i(Z) \leqslant 1$，且 $\sum_{i=1}^{n} \vartheta_i(Z) = 1$，$n$ 为谈判方的个数。

谈判力受到制度环境、经济环境、文化环境等外部环境的影响，同时各个谈判方的企业特点也会影响谈判力，这些变量对于谈判模型而言是外生因素。当外部环境对谈判一方有利时，会增加该方的谈判力。$\sum_{i=1}^{n} \vartheta_i(Z) = 1$，即各方谈判力之和为 1。说明谈判方之间的谈判力对比是此消彼长的，是动态变化的，这样才能更准确地衡量谈判的均衡解。

(2) $\dfrac{\partial s_i}{\partial \vartheta_i} > 0$。

由于 $u_i = s_i$，这个不等式说明效用函数 $u_i(s_i)$ 为凸函数，谈判的效用值是谈判力的递增函数，意味着谈判中影响力越强，越能得到有利于自己的结果。

(3) $\lim\limits_{\vartheta \to 0} u_i(s_i) = u_i(d_i) = 0, \lim\limits_{\vartheta \to 1} u_i(s_i) = u_i(d_i) = 1$

这两个式子说明当一方的谈判力逐渐减弱，谈判均衡的结果带来的效用越小，越不能从谈判中获得收益[268]。当谈判力趋于零时，谈判的收益（效用）也趋于零，即利润达到最小。当某一方具有完全谈判力时，比如具有某种稀缺资源时，则其谈判力很强，此时其效用最大，会获得全部净收益，即获得最大利润。

在业主、设计方、施工方三方谈判中，业主往往会站在主导地位，具有最终的发言权和谈判权。在收益分配协商调整阶段，各参与者谈判力是由收益分配影响因素资源性投入、风险分担、贡献度和努力水平共同确定的。本书在确定各参与方谈判力时，考虑影响收益分配的四个因素，采用 PCA-LINMAP 耦合赋权法确定。

5.2.2　PCA-LINMAP 耦合赋权法确定谈判力

PCA-LINMAP 耦合赋权法是基于 PCA 和 LINMAP 的一种组合赋权模型。该模型的思路是对原始数据经过标准化处理后，用 PCA 法求出反映数据差异的主成分和优劣序对，然后将这些序对代入 LINMAP 模型中，最后得到各指标的权重。PCA-LINMAP 耦合赋权法包括两个基本子模型：PCA 子模型和 LINMAP 子模型[269]。具体的程序如图 5-1 所示。

1. PCA 子模型

PCA 法是通过对具有相关性的多个原始变量进行研究，合成几个互不相关但保留了原始变量的信息综合指标，即主成分，然后求出主成分评价值，据此确定两两样本优劣序对集。

设有 n 个参加评价的方案，每个方案有 p 个指标，其原始数据用决策矩阵 $(x_{ij})_{n \times p}$ 表示，现欲得到这 n 个方案的相对优劣顺序，用 PCA 方法解决该问题的步骤如下：

(1) 原始数据趋同化和标准化处理，得到标准化矩阵 SA；

(2) 计算指标的相关系数矩阵 CM；

(3) 求相关矩阵 CM 的特征值、特征向量及方差贡献率；

(4) 确定主成分；

(5) 计算主成分评价值；

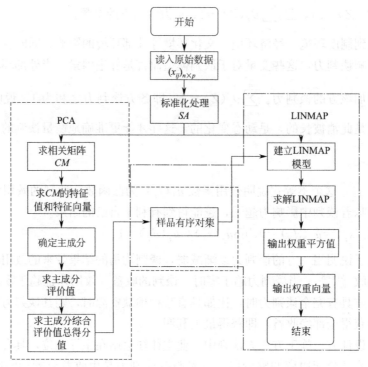

图 5-1　PCA-LINMAP 耦合赋权法计算程序

（6）计算方案的主成分综合评价值；

（7）将方案的优劣按照综合评价值由大到小排列；

（8）根据排序结果确定两两样本优劣的序对集 Ψ。

2. LINMAP 子模型

经过标准化处理的决策矩阵$(y_{ij})_{n\times p}$在空间中表示，即在 P 维空间有 n 个方案，设决策人偏好的在指标空间的理想点$(y_1^*,y_2^*,\cdots,y_p^*)$表示，则目标空间里任意方案$(y_{i1},y_{i2},\cdots,y_{np})$到理想点的加权欧式距离的平方为：

$$S_i = \sum_{j=1}^{p}\omega_j(y_{ij}-y_i^*)^2 \quad (i=1,2,\cdots,n) \tag{5-3}$$

式中，$\omega_j(j=1,2,\cdots,p)$是第 j 个指标的权重。ω_j 和 y_i^* 均为未知数。

定义 5-3 方案有序对 (k,l) 的集 Ψ 为：

$$\Psi=\{(k,l)|k\text{ 样品优于 }l\} \tag{5-4}$$

如果 $S_l \geqslant S_k$，按照式(5-4)，方案 k 比方案 l 更接近理想点，这与有序对 (k,l) 的判断一致，或者说加权距离模型和决策者的偏好一致[181]。

如果 $S_l < S_k$，则加权距离模型和决策者的偏好不一致，不一致的程度取决于 S_l 与 S_k 的差值。

定义 5-4 为了反映加权距离模型与决策者的偏好不一致的程度，定义如下的量：

$$(S_i-S_k)^- = \begin{cases} 0 & S_l \geqslant S_k \\ S_k-S_i & S_l < S_k \end{cases} \tag{5-5}$$

将 Ψ 中有序对的不一致性求和得 B，将 B 称为不一致度。

$$B = \sum (S_l - S_k)^- \qquad (k,l \in \Psi) \tag{5-6}$$

定义 5-5　为了反映加权距离和决策者偏好的一致性程度，定义一致性程度为 G，则 G 为：

$$G = \sum (S_l - S_k)^+ \qquad (k,l \in \Psi) \tag{5-7}$$

$$(S_l - S_k)^+ = \begin{cases} S_l - S_k & S_l \geqslant S_k \\ 0 & S_l < S_k \end{cases} \tag{5-8}$$

LINMAP 法的目标是寻找一组加权 $(\omega_1, \cdots \omega_n)$ 和一个理想方案 $(Z_1^*, Z_2^*, \cdots Z_m^*)$，使得不一致程度极小化。因此构造一个优化问题，同时，为了避免权重出现 $\omega_j = 0 (j = 1, 2, \cdots m)$ 的情况，增加一个等式约束 $G - B = \Delta$，其中 Δ 为某个决策者给定的正数。引入变量 $\lambda_{kl} = \max(0, (S_l - S_k))$，于是建立如下最优化问题：

$$\min B = \sum \max \{ (S_l - S_k), 0 \} \tag{5-9}$$
$$\text{s. t. } G - B = \Delta$$

因为

$$\begin{aligned} G - B &= \sum (S_l - S_k) - \sum (S_l - S_k)^- \\ &= \sum_{(k,l) \in \Psi} \left[(S_l - S_k)^+ - (S_l - S_k)^- \right] \\ &= \sum_{(k,l) \in \Psi} (S_l - S_k) = \Delta \end{aligned} \tag{5-10}$$

进一步，令 $V_j = \omega_j Z_j^*$，可以得到以下最优化问题模型：

$$\min \sum \lambda_{kl}$$
$$\text{s. t. } \sum_{j=1}^m \omega_j (Z_{lj}^2 - Z_{kj}^2) - 2 \sum_{j=1}^m V_j (Z_{lj} - Z_{kj}) + \lambda_{kl} \geqslant 0,$$
$$\sum_{j=1}^m \omega_j \sum_{(k,l) \in \Psi} (Z_{lj}^2 - Z_{kj}^2) - 2 \sum_{j=1}^m V_j \sum_{(k,l) \in \Psi} (Z_{lj} - Z_{kj}) = \Delta \tag{5-11}$$
$$\omega_j \geqslant 0, j = 1, \cdots m$$
$$\lambda_{kl} \geqslant 0, \forall (k,l) \in \Psi$$

通过以上计算步骤，按照多维偏好分析的线性规划问题进行求解，可以计算出加权值 $(\omega_1, \cdots, \omega_n)$，再将加权值开方并归一化，可以得到各个指标的权重，即各个参与者的谈判力大小。

通过上述分析可以看到，PCA 方法局限性在于只能得到所有方案的一个排序集；而 LINMAP 法局限性在于要想办法先知道决策人的偏好，即方案的优劣序对，这带有较大的主观性，这点正好可以用 PCA 定量确定优劣序对的优势弥补。PCA 方法和 LINMAP 法相结合，相互弥补，取长补短，最大限度地发挥了两种方法的优势，是一种较为科学、方便、适用、客观的赋权方法。通过 PCA-LINMAP 耦合赋权法确定各个参与者的谈判力，是科学、客观求解 IPD 项目中不对称 Nash 谈判模型重要的一环，为 IPD 项目中参与者的收益分配比例的确定提供了依据。

5.3　IPD 项目不对称 Nash 谈判模型的建立与求解

IPD 项目不对称 Nash 谈判模型的收益分配模型，有如下基本假设：

假设 1：参与人理性。项目各谈判方满足理性人的假设，都追求自身收益的最大化，都能理性决策。

假设 2：正常沟通。项目谈判方愿意通过谈判优化收益，在谈判过程中各方有正常信息交流，且都不希望谈判破裂。

假设 3：公平性和有效性。收益分配谈判具有公平性和有效性，最终的收益分配方案具有公平性完全分配，无剩余。

假设 4：不对称性。各谈判者信息不完全，在项目收益分配谈判中谈判力不同，与各收益分配影响因素有关。

5.3.1　不对称 Nash 谈判模型的建立

在合作博弈经济人"有限理性"的假设下，前文分析了单个因素下收益分配策略，得到了在仅考虑单个因素下，各个参与方的收益分配比例。假设仅考虑第 i 个影响因素得到的收益分配策略分别为 $X_i = \{x_{1i}, x_{2i}, x_{3i}\}$，其中 x_{1i} 为参与者 i 提出的业主、设计方、施工方各自的收益分配比例，并满足条件：$\sum_{n=1}^{3} x_{ni} = 1$，$0 < x_{ni} < 1$。则 IPD 项目中考虑单因素下收益分配策略时，三个参与者的收益分配比例形成的初始的收益分配方案矩阵为：

$$X = [X_1, X_2, X_3]^{\mathrm{T}} = \begin{bmatrix} x_{11} & x_{21} & x_{31} & x_{41} \\ x_{12} & x_{22} & x_{32} & x_{42} \\ x_{13} & x_{23} & x_{33} & x_{43} \end{bmatrix} \tag{5-12}$$

第 i 个收益主体从四个收益分配比例方案中选出极大值和极小值，分别形成正理想的收益分配比例 $x_i^+ = \max(x_{i1}, x_{i2}, x_{i3})$ 和负理想的收益分配比例 $x_i^- = \min(x_{i1}, x_{i2}, x_{i3})$。则可以确定一个对所有收益分配主体都最理想的收益分配方案 $X^+ = (x_1^+, x_2^+, x_3^+)$ 和一个对所有收益分配主体都最不理想的收益分配比例方案 $X^- = (x_1^-, x_2^-, x_3^-)$。

在 $X^+ = (x_1^+, x_2^+, x_3^+)$ 中，存在着 $\sum_{i=1}^{3} x_i^+ > 1$ 是收益分配方案谈判的破裂点。这违反了合作博弈的合理性原则，即项目的收益分配超过了项目总收益。在 $X^- = (x_1^-, x_2^-, x_3^-)$ 中，$\sum_{i=1}^{3} x_i^- < 1$，这违反了合作博弈的有效性原则，即项目的收益分配未在各收益分配主体间完全分配，有剩余，这也是谈判的破裂点。

因此，为了保证 IPD 项目能够顺利实施和 IPD 联盟的稳定性，项目的收益在分配主体间完全分配，没有剩余，谈判过程不会中断，最终的收益分配比例方案应该是在最理想方案和最不理想方案间进行制定。

设合理的收益分配比例方案为 K，$K = (k_1, k_2, k_3)$，其中 k_1, k_2, k_3 分别代表业主、设计方、施工方的最终合理收益分配比例。同时，将各参与者的谈判力，作为各收益分配主体谈判力不对称性的一个客观评价，以此对传统对称 Nash 谈判模型进行改进，建立多目标的不对称 Nash 谈判模型。

不对称 Nash 谈判是指考虑博弈参与各方不同的谈判力，并满足个体合理性、可行性、弱帕累托最优性质等六个公理时的 Nash 谈判，此时唯一谈判解被称为不对称 Nash 谈判解（Asymmetric Nash Bargaining Solution），即：

$$\max \prod_{i=1}^{3} (k_i - x_i^-)^{\vartheta_i}$$

$$\text{s. t.} \begin{cases} k_i \geqslant x_i^- \\ 0 \leqslant k_i \leqslant 1 \\ \sum_{i=1}^{3} k_i = 1 \\ \sum_{i=1}^{3} \vartheta_i = 1 \end{cases} \tag{5-13}$$

式中，$(k_i - x_i^-)$ 表示各收益分配主体调整后的收益分配比例与各自收益分配比例谈判破裂点的差值，该值越大，说明距离最劣的比例越远，该收益分配结果越能被谈判者所接受。同时，$k_i \geqslant x_i^-$ 说明各收益分配主体的谈判收益分配比例均高于自身的谈判破裂点，表明谈判尚在正常进行。

5.3.2 不对称 Nash 谈判模型的求解

对式(5-13)，利用 Kuhn-Tucker 条件进行求解。

根据约束条件，构造拉格朗日函数，令：

$$f(k_i, x_i, \lambda) = \prod_{i=1}^{3} (k_i - x_i)^{\vartheta_i} - \lambda (\sum_{i=1}^{3} k_i - 1) \tag{5-14}$$

式(5-14) 分别对 k_1，k_2，k_3，λ 求偏导，并分别令其等于 0，可以得到：

$$\begin{cases} \dfrac{\partial f}{\partial k_1} = \vartheta_1 (k_1 - x_1^-)^{\vartheta_1 - 1} \cdot (k_2 - x_2^-)^{\vartheta_2} \cdot (k_3 - x_3^-)^{\vartheta_3} - \lambda = 0 \\ \dfrac{\partial f}{\partial k_2} = \vartheta_2 (k_1 - x_1^-)^{\vartheta_1} \cdot (k_2 - x_2^-)^{\vartheta_2 - 1} \cdot (k_3 - x_3^-)^{\vartheta_3} - \lambda = 0 \\ \dfrac{\partial f}{\partial k_3} = \vartheta_3 (k_1 - x_1^-)^{\vartheta_1} \cdot (k_2 - x_2^-)^{\vartheta_2} \cdot (k_3 - x_3^-)^{\vartheta_3 - 1} - \lambda = 0 \\ \dfrac{\partial f}{\partial \lambda} = k_1 + k_2 + k_3 - 1 = 0 \end{cases}$$

再联立 $\sum_{i=1}^{3} \vartheta_i = 1$，可以求得：

$$k_i = x_i^- + \vartheta_i (1 - \sum_{i=1}^{3} x_i^-) \tag{5-15}$$

由式(5-15) 可以看到，利用不对称 Nash 谈判模型得到的第 i 个成员的最终收益分配系数由两部分组成：x_i^- 为各收益分配主体的保留收益，即 Nash 协商的起点，第二部分

$\vartheta_i(1 - \sum\limits_{i=1}^{3} x_i^{-})$ 为第 i 个成员经协商后的收益补偿额。

因此，经过谈判协商后的收益分配主体在合约实施阶段中获得的收益分配值为：

$$s_i^* = S \times k_i \tag{5-16}$$

各收益分配主体最终收益分配比例 k_i 与其各自在项目中的谈判力 ϑ_i 和各自的不理想收益分配比例有关。这个不理想收益分配比例是三方参与者最初根据单因素考虑收益分配时计算出的收益分配比例方案所得。因此，确定了各收益分配主体在项目中的谈判力 ϑ_i，就可得出各自最终收益分配比例 k_i。

5.3.3 收益分配比例的确定

在确定了各参与者的谈判力大小后，再代入式（5-15）和式（5-16），即可得到 IPD 项目中各参与方最终合理的收益分配比例。

因此，利用 IPD 项目不对称 Nash 谈判模型求解收益分配方案，分为以下六个步骤：

(1) 找到最不理想的收益分配比例方案 $X^{-} = (x_1^{-}, x_2^{-}, x_3^{-})$；

(2) 按照式（5-13）构造项目整体的效用函数，即纳什积函数；

(3) 计算分配因子权重，即谈判力大小；

(4) 确定分配因子 $K = (k_1, k_2, k_3)$；

(5) 按照式（5-15）在可行域内求解所得到的值即为最终所求的收益分配最优解；

(6) 根据式（5-16），确定 IPD 项目中各参与方最终合理的收益分配比例。

IPD 项目中确定合理的收益分配比例，这不是收益分配的终极目标，而是借这个过程，运用恰当的收益分配方式，对项目的参与方起到正向激励的作用。使得各企业成员增加对项目的贡献，加大对项目的资源性投入，提高风险的管理水平，最终提升项目的整体价值、减少浪费，圆满达到业主的期望，并且各自能在项目中获得更多的收益。

具体的验证，将结合案例在本书 6.3 节中进行。

5.4 IPD 项目不对称 Nash 谈判模型应用的关键因素

本章提出的 IPD 项目的收益分配模型是在充分研究 IPD 项目收益分配因素的基础上，通过分别计算各影响因素时的分配系数，再使用多目标多人的不对称 Nash 谈判模型得到的最合理的收益分配方案。下面对本书所提出的模型应用的关键因素进行分析。

(1) 公平性。这是针对分配问题的普通条件。分配问题的解决方案必须是公平的，能被所有合作伙伴接受的分配结果。

(2) 透明性。为了被所有合作伙伴接受，解决方案必须得到所有合作伙伴理解，这意味着解决方案必须易于沟通和理解，才能付诸实施。即要求收益分配的方案必须足够透明。作为透明性的一个特殊条件，这个数学的模型或方法的求解概念在经济实践中必须是有解存在的。

(3) 个体理性。在博弈论中，一个行为人总是理性行事，这意味着他知道最有可能的行为选择及其后果。他也有投机取巧的行为。经济补偿概念需要考虑行为人的合理性和所有可能的行动选择，因此，第三个准则又被称为合理性。

（4）有效性。根据博弈论，合作联盟的收益必须全部分配。这就意味着收益不能截留下来或留在以后分配，也不能分配得比合作企业共同获得的收益更多。因此，所有收益的总和必须等于集体获得收益。

（5）最少信息性。每个合作解决方案概念都有不同的信息需求。有些信息在经济实践中是不可能获得的。例如，获得所有可能的联盟的特征函数的所有值在经济实践中是特别困难的，有些信息只能模糊地估计。如果一个模型的计算主要基于估计的信息，那么结果就不可能是准确的，也不可能被所有合作伙伴都认为是公平的。为了确保一定程度的准确性和公平性，解决方案概念应需要尽可能少的信息。

5.5　本章小结

本章在前面章节分析和研究的基础上，分析了 Nash 谈判模型的三个要素和五个基本假设，建立了多目标多人合作对策的 IPD 项目对称 Nash 谈判模型。引入谈判力的概念，分析了谈判力的特点，提出用贡献度、资源性投入、努力水平和风险共担这四个因素确定谈判力，并用 PCA-LINMAP 耦合赋权法来确定各参与者的谈判力。在确定谈判力时，先用 PCA 子模型对方案的优劣按照主成分综合评价值进行排序，建立两两样本优劣的序对集 Ψ。然后用 LINMAP 子模型建立最优化问题模型，并用多维偏好分析的线性规划问题进行求解。

进一步，建立了基于谈判力的多目标多人合作对策不对称 Nash 谈判解的模型，并利用 Kuhn-Tucker 条件对该不对称 Nash 谈判模型进行求解，确定最终分配系数，从而得到经过谈判协商后的收益分配主体在合约实施阶段中最终获得的收益分配值。这样使得收益分配的方案更加合理、公平，能被收益分配主体所接受。

第 6 章

案例研究

前面第 4 章和第 5 章已经建立了 IPD 项目的收益分配策略,现结合一个案例验证本书提出模型的科学性与适用性。

本书研究问题是 IPD 项目的收益分配,需采用 IPD 合同文本的案例,由于我国法律法规等客观条件的限制,暂时还没有此类的案例,而在国外 IPD 模式发展已经较为成熟,有许多成功运用的案例。本章使用的案例——SSM St. Clare Health Center 项目数据来自 AIA 收集的关于 IPD 模式案例集[126,270]。将收益分配模型与该案例数据相结合,按照收益分配策略进行核心参与方收益分配计算。

6.1 SSM St. Clare Health Center 项目背景

St. Clare Health Centre(圣克莱尔健康中心)是一家占地 430000ft^2 的置换医院,位于美国密苏里州芬顿市,业主为 SSM Healthcare,设计方为 HGA Architects and Engineers,施工方为 Alberici Constructors。该健康中心有 6 层 154 张病床组成的塔楼,医疗办公大楼 85000ft^2,门诊护理中心 75000ft^2。SSM Healthcare(业主)与 HGA(设计方)合作,设计了一个概念上的两层"主街"来增强患者体验,有市场、酒店、工厂、治疗花园和公寓的独立区域(图 6-1)。

Sutter Health 采用了基于合作和精益方法建立的 IFOA 协议,这是三方 IPD 合同,三方包括业主方、设计方和施工方。合同结构见表 6-1。根据该协议,各方必须平等对待其他合伙人。设计方和施工方共同对意外事件、施工错误和设计遗漏负责,成为"精益合作伙伴",共享风险/收益。分包商包括 MEP(Mechanical,Equipment,and Piping)、主体结构和幕墙工程以及消防工程。较小的分部工程以传统方式招标(AIA,2012)[270]。机械、电气和消防分包商在设计开始前就与施工方 Alberici 签订了合同并签署了加入协议。

三方达成的 IFOA 协议主要有以下几点:

(1)不使用项目经理,而采用 IPD 模式下多方协议的形式向前推进项目。

图 6-1　项目外观效果图

本案例中的合同组织结构　　　　　　　　　　　　　　　　表 6-1

业主	SSM Healthcare
设计方	HGA
结构设计	HGA
MEP	KJWW
景观设计	EDAW
其他设计	Mackey Mitchell Associates
施工方	Alberici Constructors
MEP	Murphy Co (M，P) Guarantee Electric (E，LV)
幕墙施工	Missouri Valley Glass
主要分包商	Niehaus (drywall，acoustic ceilings，interior framing)，SLASCO (Fire Sprinklers)

（2）除业主外，其他参与方对成本足够满意，项目不制定最大保证价 GMP，即无固定项目总成本，建筑设计方和施工方通力合作来控制成本，业主向其支付成本及附加费。

（3）施工方风险被分担，业主不设立财务激励。

在 SSM 圣克莱尔健康中心的案例中，从项目概念阶段到施工都实施了严格的全过程的集成管理，以确保设施的设计符合预算，并满足业主的运营需求和价值需求。采用了目标价值设计，这与设计和施工中的精益思想密切相关，是 IPD 项目中通过不同利益相关者之间的协作努力的一种管理方法，IPD 项目通常使用 IFOA 合同进行 TVD（Zimina，2012）[261]。SSM、Alberici 和 HGA 组成的核心团队组建了 PMT，并在项目开始时就参与其中。在这种情况下，业主对预算没有设限制（AIA，2012）[270]。因此，该案例未设置 GMP，设计方和施工方共同合作降低成本，不要求保持固定价格，采用了成本加酬金的支付方式（Darrington and Lichtig，2010）[271]。这样，施工方的风险几乎都被消除了。

由于项目采用 IFOA 合同，参与者得到的补偿＝直接成本＋间接成本＋酬金＋应急费（应急管理费未使用部分）。因此，收益分配的来源是酬金＋应急费（应急管理费未使用部分）。IPD项目决策团队通过风险/收益机制的建立来评估风险，并建立风险分配和利润分享机制，具体如表6-2所示。

本案例 IFOA 合同中收益/风险共享策略　　　　　　　　　　　表 6-2

合同	状态	DC	IC	F	CP
IFOA	AC<TC	1	1	1	1
	AC=TC	1	1	1	0
	AC>TC	1	1	1	0
参与者的净补偿＝直接成本＋间接成本＋酬金＋应急费（应急管理费未使用部分）					

注：该表中的字母含义见表 2-1 中解释。

IPD模式最常用的技术和工具有 BIM 技术、精益建造技术、交互式白板（SMART Board）、集中办公（Co-location）、Project Wise、FTP网站等。其中，BIM 技术和精益建造技术是 IPD 模式最重要的两种技术。在本案例中，运用了 BIM（3D Architectural Desktop）技术，建立 WEB 项目管理网址和"大房间（Big Room）"这些方法搭建了合作平台，进行信息分享（AIA，2010）[126]。IPD 现场小组包括在特定时间里所有的参与者，每天开会审查日常事务。核心团队每周开会，共同讨论问题并做出决定。此外，该项目还运用精益思想的 LPS 法指导工作计划的创建、执行和流程的调整。

6.2　IPD 项目单个因素收益分配策略计算

6.2.1　贡献因素的收益分配策略计算

该大型工程项目采用了 IPD 交付方式，基于 IFOA 协议，如表6-1所示，建立了分层的决策机构。SSM（业主方）、Alberici（设计方）和 HGA（施工方）组成的核心团队在项目开始时就已就位。将这三个核心参与方构成合作联盟，分别记为局中人 1、局中人 2、局中人 3，构建合作博弈模型为 $\{N，v\}$。$v(s)$ 为联盟总收益。事前收益分配方案中，未来收益是一个不确定的变量，会受到各种偶然因素的影响，因此，把项目实施的成本称为预期成本。

采用传统交付模式项目的各局中人如果成员独自参与项目时，按照正常程序履行合同义务推进项目运行，预计可得收益只是行业的平均利润，不存在项目联盟，也没有项目合作联盟所带来的项目增值。所以，在传统交付模式下，各个局中人额外分配的收益均为 0，即 $v(\{1\})=v(\{2\})=v(\{3\})=0$。

根据文献 [126]，该 IPD 项目中各个局中人的行业平均利润和预期成本如表6-3所示。

局中人平均利润（单位：万美元）　　　　　　　　　　　表 6-3

局中人	预期成本	行业平均利润（%）[272]	预期收益
业主 1	14984.79	11.10	1663.31
设计方 2	884.79	2.50	22.12
施工方 3	14100.00	7.09	999.69

以上 IPD 模式组成的联盟收益分配问题是按照清晰合作博弈进行分析的。假设各局

中人相互合作，信息交流，资源共享，并在合作的氛围中尽可能提高各自的努力程度，实现"1+1＞2"的团队高绩效。如业主与设计方更早合作，进行充分的沟通，全方位加强合作，优化设计方案，用更短的时间得出更合理的设计方案，切实降低业主的使用成本以及项目全寿命周期成本，提高业主满意度。通过 BIM 等信息沟通平台和精益生产的方法，各参与方多沟通，最大程度减少设计变更和返工，减少浪费，降低成本，保证质量，加快进度并保证工期，加强里程碑事件管理，提高工作效率，实现安全有效生产[231]。因此，IPD 可以带来更高的生产效率。

英国政府商务部（UKOGC，2007）估计，如果 IPD 团队推动对建设项目的一系列的持续改进，可以实现高达 30% 的建设成本节约[273]。在 IPD 模式成功使用的 Autodesk Inc. AEC Solutions Division 案例中，合同中建立了一个激励补偿层（Incentive Compensation Layer，ICL）。在该 ICL 中，设计方和施工方的预期利润面临着风险。如果可度量的利润超过了激励补偿层的约定，则可以获得额外的补偿。ICL 可以根据项目目标是否达到或者超过，给予补偿，范围在 −20%～20%（AIA，2010）[126]。

因此，对于合作联盟中多成员联盟的预期收益，采用单成员预期收益直接相加后上浮一定比例。上浮比例不影响参与联盟的各个成员分配率，仅同时影响各局中人的分配值。根据以上分析，并参考文献 [99]、[148]、[158]、[231]、[274]，不妨假设二成员联盟会增加 10% 收益，三成员联盟会增加 20% 的收益。由此，得到多成员情况下预期收益，如表 6-4 所示。

联盟可分配利润（单位：万美元）　　　　　　　　　表 6-4

联盟	$v(\{1,2\})$	$v(\{1,3\})$	$v(\{2,3\})$	$v(\{1,2,3\})$
联盟预期收益	1853.97	2929.30	1123.99	3222.15
联盟可分配利润	168.53	266.27	102.17	537.02

IPD 联盟中，原本相互独立的参与方的核心能力整合与优化，力求联盟整体的利益最大化。因此，联盟的经济活动实际上是一个多人合作博弈的求解问题。IPD 项目团队业主、设计方、施工方构成了一个三方的合作博弈 $\{N, v\}$，N 是 n 个企业组成的联盟体，$v(S)$ 为联盟 S 产生的收益，现利用最大熵法求解 IPD 项目基于贡献角度的局中人合作博弈的收益分配策略。

根据式(4-4)，以及表(6-4)中的数据，建立最大熵模型：

$$\max H = -\sum_{i=1}^{3} \frac{\varphi_i}{537.02} \ln \frac{\varphi_i}{537.02}$$

$$\mathrm{s.t.} \begin{cases} \sum_{i=1}^{3} \varphi_i = 537.02 \\ \varphi_i \geqslant 1 \\ \varphi_1 + \varphi_2 \geqslant 168.53 \\ \varphi_2 + \varphi_3 \geqslant 102.17 \\ \varphi_1 + \varphi_3 \geqslant 266.27 \end{cases} \tag{6-1}$$

对式(6-1)用外点罚函数法进行求解。用 MATLAB2016a 进行求解（计算程序见附录 A.1)，经过 8 次迭代，得到 $\varphi(v)=(\varphi_1(v),\varphi_2(v),\varphi_3(v))=(215.51，137.55，$ $183.96)$。此时，熵值达到最大。

在 IPD 模式下，各个参与方通过建立合作联盟，经过共同的努力，能够产生大于行业平均利润的超额利润。此时，各局中人业主方、设计方、施工方的实际收益＝行业平均利润＋企业超额利润。在此条件下：

业主方实际收益＝1663.31＋215.51＝1878.82 万美元

设计方实际收益＝22.12＋137.55＝159.67 万美元

施工方实际收益＝999.69＋183.96＝1183.65 万美元

即在 IPD 模式下，更容易吸引一些优质的企业，投入创新成本和其他隐性成本，提供更多的边际贡献，促进项目更好地完成目标，提高项目的超额利润，以期获得更多的收益分配。各企业间互相依赖基于彼此的正和博弈。任一博弈者越是成功，其他博弈者的利益也越大，反之亦然。而且互相依赖的价值创造过程是合作联盟中矫正机会主义行为风险的良方，这也是合作关系的胶粘剂和强有力的激励。

6.2.2 资源性投入因素的收益分配策略计算

1. 清晰联盟收益分配策略

若三个局中人均以 $S(i)=1$ 的参与度参与合作，则组成清晰合作联盟。根据经典 Shapley 值法，计算各局中人的 Shapley 值。

先根据式(2-8)计算业主方的 Shapley 值，见表 6-5。

业主方 1 的 Shapley 值计算（单位：万美元）　　　表 6-5

γ	$v(\{S\})$	$v(\{S\}-1)$	$v(\{S\})-v(\{S\}-1)$
2! 0! / 3! ＝1/3	$v(\{1\})=0$	$v(\{\varnothing\})=0$	0
1! 1! / 3! ＝1/6	$v(\{1,2\})=168.53$	$v(\{2\})=0$	168.53
1! 1! / 3! ＝1/6	$v(\{1,3\})=266.27$	$v(\{3\})=0$	266.27
0! 2! / 3! ＝1/3	$v(\{1,2,3\})=537.02$	$v(\{2,3\})=102.17$	434.85

通过表 6-5，计算业主 1 的 Shapley 值为：

$$\varphi_1'(v)=\frac{1}{3}\times0+\frac{1}{6}\times168.53+\frac{1}{6}\times266.27+\frac{1}{3}\times434.85=217.42 \text{ 万美元}$$

然后根据式(2-8)计算设计方的 Shapley 值，见表 6-6。

设计方的 Shapley 值计算（单位：万美元）　　　表 6-6

γ	$v(\{S\})$	$v(\{S\}-1)$	$v(\{S\})-v(\{S\}-1)$
2! 0! / 3! ＝1/3	$v(\{2\})=0$	$v(\{\varnothing\})=0$	0
1! 1! / 3! ＝1/6	$v(\{1,2\})=168.53$	$v(\{1\})=0$	168.53
1! 1! / 3! ＝1/6	$v(\{2,3\})=102.17$	$v(\{3\})=0$	102.17
0! 2! / 3! ＝1/3	$v(\{1,2,3\})=537.02$	$v(\{1,3\})=266.27$	270.75

通过表 6-6，计算设计方 2 的 Shapley 值为：

$$\varphi'_2(v)=\frac{1}{3}\times0+\frac{1}{6}\times168.53+\frac{1}{6}\times102.17+\frac{1}{3}\times270.75=135.37\ 万美元$$

同理，可以求得施工方的收益分配是 $\varphi'_3(v)$ ＝184.24 万美元。三个核心局中人可以分配的收益是 537.02 万美元。由此，求得 Shapley 向量为 $\varphi'(v)=(\varphi'_1(v),\varphi'_2(v),\varphi'_3(v))=(217.42,135.37,184.24)$。表 6-7 给出了不同清晰组合下，企业收益分配策略和各局中人的收益分配情况。即在清晰联盟下，业主、设计方、施工方获得的收益分配值分别为 217.42 万美元、135.37 万美元、184.24 万美元。

各种清晰联盟组合下局中人收益分配（单位：万美元）　　　　表 6-7

联盟组合	业主方 1	设计方 2	施工方 3
$\varphi'_i(v)(\{1,2\})$	103.86	64.67	0
$\varphi'_i(v)(\{1,3\})$	144.13	0	122.14
$\varphi'_i(v)(\{2,3\})$	0	43.27	58.90
$\varphi'_i(v)(\{1,2,3\})$	217.42	135.37	184.24

2. 模糊联盟收益分配策略

由于企业的管理水平、能力、技术、资源条件等限制，局中人分别以一定的参与度来参加联盟，即 $S(i)\neq1$。基于博弈论"逆推法"的思路，现假设业主投入 60% 单位资源，设计方投入 20% 单位资源，施工方投入 40% 单位资源，即三个核心局中人分别以 0.6、0.2、0.4 的参与率参与联盟合作。

代入 Choquet 积分式(4-9)，可计算模糊联盟下 IPD 项目在三个核心局中人下的预期收益。将局中人 1、2、3 的参与率按照单调非减次序排列，即 $h_0=0$，$h_1=0.2$，$h_2=0.4$，$h_3=0.6$。

根据式(4-9)计算三个局中人业主、设计方、施工方以 0.6、0.2、0.4 的参与率参与联盟下的 IPD 项目的预期收益 $v_T(\{1,2,3\})$：

$$v_T(\{1,2,3\})=v(\{1,2,3\})\times(0.2-0)+v(\{1,3\})\times(0.4-0.2)+v(\{1\})\times(0.6-0.4)$$
$$=537.02\times0.2+266.27\times0.2=160.66\ 万美元。$$

同理，计算其他联盟的预期收益：

$v_T(\{1\})=v(\{1\})\times(h_1-h_0)=0;$

$v_T(\{2\})=v(\{2\})\times(h_2-h_0)=0;$

$v_T(\{3\})=v(\{3\})\times(h_3-h_0)=0;$

$v_T(\{1,2\})=v(\{1,2\})\times(h_1-h_0)+v(\{2\})\times(h_2-h_1)=168.53\times0.2=33.71;$

$v_T(\{1,3\})=v(\{1,3\})\times(h_1-h_0)+v(\{3\})\times(h_3-h_1)=266.27\times0.2=53.25;$

$v_T(\{2,3\})=v(\{2,3\})\times(h_2-h_0)+v(\{3\})\times(h_3-h_2)=102.17\times0.2=20.43。$

模糊联盟各局中人预期收益汇总见表 6-8。

模糊联盟各局中人预期收益（单位：万美元）　　　　表 6-8

联盟	$v_T(\{1,2\})$	$v_T(\{1,3\})$	$v_T(\{2,3\})$	$v_T(\{1,2,3\})$
联盟预期收益	33.71	53.25	20.43	160.66

通过比较表 6-4 和表 6-8，不难发现模糊联盟情况下，各局中人预期收益比清晰联盟

情况下要低得多。即各局中人 $S(i)$ ＝1 情况下比 $S(i)$ ≠1 的收益要少得多。这符合投资与收益对等的收益分配原则。

3. IPD 项目模糊联盟 Shapley 值的收益分配策略

利用式 (4-10) $\varphi_i^{\mathrm{T}}(v_{\mathrm{T}}(S)) = \sum_{l=1}^{q(S)} \varphi_i(v([S]_{h_l}))(h_l - h_{l-1})$，计算模糊联盟的 Shapley 值。

$$\varphi_1^{\mathrm{T}}(v_{\mathrm{T}}) = \varphi_1(v(\{1,2,3\})) \times (0.2-0) + \varphi_1(v(\{1,3\})) \times (0.4-0.2) + \varphi_1(v(\{1\})) \times$$
$$(0.6-0.4) = 217.42 \times 0.2 + 144.13 \times 0.2 = 72.31$$

$$\varphi_2^{\mathrm{T}}(v_{\mathrm{T}}) = \varphi_2(v(\{1,2,3\})) \times (0.2-0) + \varphi_2(v(\{1,3\})) \times (0.4-0.2) + \varphi_2(v(\{3\})) \times$$
$$(0.6-0.4) = 135.37 \times 0.2 = 27.07$$

$$\varphi_3^{\mathrm{T}}(v_{\mathrm{T}}) = \varphi_3(v(\{1,2,3\})) \times 0.2 + \varphi_3(v(\{1,3\})) \times 0.2 + \varphi_3(v(\{3\})) \times$$
$$0.2 = 184.24 \times 0.2 + 122.14 \times 0.2 = 61.28$$

由上，可以得到模糊联盟下的 Shapley 值 $\varphi^{\mathrm{T}}(v_{\mathrm{T}}(S)) = \varphi_1^{\mathrm{T}}(v_{\mathrm{T}}(S)), \varphi_2^{\mathrm{T}}(v_{\mathrm{T}}(S)), \varphi_3^{\mathrm{T}}(v_{\mathrm{T}}(S)) = (72.31, 27.07, 61.28)$。然后，计算不同模糊联盟组合下的企业收益分配策略，如表 6-9 所示。

不同模糊联盟组合下的企业收益分配策略（单位：万美元）　　　　表 6-9

联盟组合	业主方 1	设计方 2	施工方 3
$\varphi_i^{\mathrm{T}}(v_{\mathrm{T}})(\{1,2\})$	24.53	9.18	0
$\varphi_i^{\mathrm{T}}(v_{\mathrm{T}})(\{1,3\})$	28.82	0	24.43
$\varphi_i^{\mathrm{T}}(v_{\mathrm{T}})(\{2,3\})$	0	6.26	14.17
$\varphi_i^{\mathrm{T}}(v_{\mathrm{T}})(\{1,2,3\})$	72.31	27.07	61.28

从表 6-9 可以看出，若业主方和设计方联合一起做项目，业主方可获利 24.53 万美元，设计方可获利 9.18 万美元。若业主方和施工方一起做项目，业主方可获利 28.82 万美元，施工方可获利 24.43 美元。若设计方和施工方一起做项目，设计方可获利 6.26 万美元，施工方可获利 14.17 万美元。但当业主方、设计方、施工方一起组建了联盟，在参与率分别为 0.6、0.2、0.4 的情况下，各自可以获得的收益为 72.31 万美元、27.07 万美元、61.28 万美元，共计 160.66 万美元，远远高于其他的联盟组合，因此，大联盟是正和博弈，可以提高项目的价值，并在不损害其他参与方利益的条件下提高各参与者的收益。

4. 参与度对收益分配影响讨论

以上分析是假定核心参与方的参与度为确定值的情况，但实际项目中，通常参与度是不确定的。现以局中人 2（设计方）为例来分析不同的联盟状态下其收益分配值。当局中人 2 不参与联盟或不参与项目时，收益分配值为 0。在其加入联盟时，根据行业平均利润水平，预期收益分配值为 22.12 万美元。在清晰合作联盟下，由表 6-7 可知，在四种不同的联盟情况下局中人 2 的收益分配值不一样，当然，大联盟情况下，各个局中人的收益分配都比其他清晰联盟情况下高，此时，局中人 2 的收益分配值为 135.37 万美元。

在考虑了联盟中的各局中人的参与度后，假设业主方、设计方、施工方分别以 0.6、

0.2、0.4 的参与度参与联盟时，由清晰联盟变成了模糊联盟，通过表 6-7 知，在大联盟中局中人 2 可分配利润为 27.07 万美元。由此可见，参与度对 IPD 收益分配的影响是巨大的，并且模糊联盟时，各局中人预期收益比清晰联盟时少很多。这和投入与收益成正比的收益分配原则是一致的。对于局中人 1 和局中人 3，模糊合作大联盟利润分配的变化趋势与局中人 2 相似。

接着分析企业参与度变化时各局中人收入变化。局中人收益的变化与两个变量有关：局中人的参与度 p 和局中人对联盟的影响权重 a。本节讨论在三种情况下，局中人 1、2 和 3，即业主、设计方和承包商这三者之间两个变量变化时对各方收益分配的影响。

(1) 当 p、a 均为固定值时，收益值 $\varphi_i^{\mathrm{T}}(v_{\mathrm{T}}(U))$ 的确定方法如下：

在 IPD 项目中，由于局中人的异质性，对联盟的贡献各不相同，因此其参与程度对联盟的影响权重也会不同。假设局中人 1、2 和 3 参与程度分别为 0.4、0.3、0.6，则 $\{1\}$、$\{2,3\}$ 两个联盟参与程度分别为 0.4、$0.5 \times 0.3 + 0.5 \times 0.6$，因此，企业模糊联盟为 $U = (0.4, 0.45)$。

利用式(4-9)，联盟的预期收益计算如下：

$$v_{\mathrm{T}}(U) = 0.4 \times v_{\mathrm{T}}(\{1\}, \{2,3\}) + 0.05 \times v_{\mathrm{T}}(\{2,3\})$$
$$= 0.4 \times 160.66 + 0.05 \times 20.43 = 74.479$$

然后利用式(4-10) 计算模糊联盟合作对策的 Shapley 值：

$$\varphi_1^{\mathrm{T}}(v_{\mathrm{T}}(U)) = \phi_1(v(\{1\}, \{2,3\})) \times 0.4 + \phi_1(v(\{2,3\})) \times 0.05$$
$$= 217.42 \times 0.4 + 0 \times 0.05 = 86.97 \text{ 万美元}$$

$$\varphi_2^{\mathrm{T}}(v_{\mathrm{T}}(U)) = \phi_2(v(\{1\}, \{2,3\})) \times 0.4 + \phi_2(v(\{2,3\})) \times 0.05$$
$$= 135.37 \times 0.4 + 43.27 \times 0.05 = 56.31 \text{ 万美元}$$

$$\varphi_3^{\mathrm{T}}(v_{\mathrm{T}}(U)) = \phi_3(v(\{1\}, \{2,3\})) \times 0.4 + \phi_3(v(\{2,3\})) \times 0.05$$
$$= 0.4 \times 184.24 + 0.05 \times 58.90 = 76.64 \text{ 万美元}$$

当业主方、设计方、施工方在实施 IPD 模式项目中的参与度分别为 0.4、0.3、0.6，且设计方与建设方对这个联盟的影响权重一样时，三方可以得到的收益分配分别是 86.968 万美元、56.312 万美元、76.641 万美元。

现假设局中人 1（业主方）的参与度为 p（$0 \leqslant p \leqslant 1$），局中人 2（设计方）、局中人 3（施工方）参与度分别为 0.3、0.6。局中人 2、3 对联盟影响的权重分别为 α（$0 \leqslant \alpha \leqslant 1$）和 $1 - \alpha$，则 $\{1\}$、$\{2,3\}$ 两个联盟参与程度分别为 p、$0.6 - 0.3a$，即企业模糊联盟 $U^* = (p, 0.6 - 0.3a)$。

(2) 当 $p = 0.4$，a 变化时，局中人 1、2 和 3 的收益值与局中人 2 在联盟中的权重之间的关系可以确定如下：

① $0 \leqslant a \leqslant 2/3$ 时，

$$\varphi_1^{\mathrm{T}}(v_{\mathrm{T}}(U)) = \phi_1(v(\{1\}, \{2,3\})) \times (0.6 - 0.3a) + \phi_1(v(\{1\})) \times (0.3a - 0.2)$$
$$= 130.452 - 65.226a$$

$$\varphi_2^{\mathrm{T}}(v_{\mathrm{T}}(U)) = \phi_2(v(\{1\}, \{2,3\})) \times (0.6 - 0.3a) + \phi_2(v(\{1\})) \times (0.3a - 0.2)$$
$$= 81.222 - 40.611a$$

$$\varphi_3^{\mathrm{T}}(v_{\mathrm{T}}(U)) = 110.544 - 55.272a$$

② $2/3 \leqslant a \leqslant 1$ 时，

$$\varphi_1^{\mathrm{T}}(v_{\mathrm{T}}(U))=0.4\times217.42+(0.2-0.3a)\times0=86.968$$

$$\varphi_2^{\mathrm{T}}(v_{\mathrm{T}}(U))=0.4\times135.37+(0.2-0.3a)\times43.27=62.802-12.981a$$

$$\varphi_3^{\mathrm{T}}(v_{\mathrm{T}}(U))=0.4\times184.24+(0.2-0.3a)\times58.9=85.476-17.67a$$

联盟影响权重 a 对各局中人收益分配的影响如图 6-2 所示。

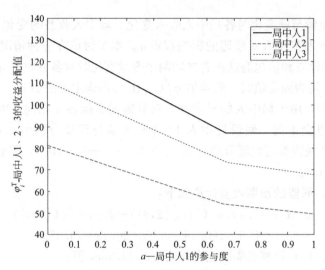

图 6-2　当 $p=0.4$，a 变化时局中人收益分配的变化

从图 6-2 可以看出，局中人的收益分配值折线均有一个拐点，在局中人 2 对联盟的影响权重 a 值为 2/3 处，主要原因是权重值 a 的变化导致 h_l 的排序发生了变化，2/3 是一个阈值。总体来说，局中人 2 对联盟影响程度越大，即局中人 3 对联盟影响程度越低，$\{2,3\}$ 的参与程度越低时，局中人 1、2、3 的收益分配值就越小，是单调递减状态。同时，也可以发现，局中人的参与度与收益正相关。其中，局中人 2 的收益分配值较其他局中人小。若把局中人能力的大小视为是对联盟的影响力时，收益分配的结果与实际情况是相符的。

（3）当 p 和 a 变化时，局中人 2 的收益值 $\varphi_i^{\mathrm{T}}(v_{\mathrm{T}})$ 的变化情况讨论如下。

① $0\leqslant p\leqslant0.3$，$0.6-0.3a\geqslant p$ 时

$$\varphi_2^{\mathrm{T}}(v_{\mathrm{T}})=135.37p+43.27\times(0.6-0.3a-p)=92.1p-12.981a+25.962$$

$\varphi_2^{\mathrm{T}}(v_{\mathrm{T}})$ 与 p、a 之间的关系如图 6-3 所示。

② $0.3<p<0.6$，$0.6-0.3a\geqslant p$

$$\varphi_i^{\mathrm{T}}(v_{\mathrm{T}})=135.37\times(p-0)+43.27\times(0.6-0.3a-p)=92.1p-12.981a+25.962$$

$\varphi_2^{\mathrm{T}}(v_{\mathrm{T}})$ 与 p、a 之间的关系如图 6-4 所示。

③ $0.3<p<0.6$，$0.6-0.3a\leqslant p$

$$\varphi_2^{\mathrm{T}}(v_{\mathrm{T}})=135.37\times(0.6-0.3a)+43.27\times(p-0.6+0.3a)=43.27p-27.63a+55.26$$

$\varphi_2^{\mathrm{T}}(v_{\mathrm{T}})$ 与 p、a 之间的关系如图 6-5 所示。

④ $0.6\leqslant p\leqslant1$，$0.6-0.3a\leqslant p$

$$\varphi_2^{\mathrm{T}}(v_{\mathrm{T}})=135.37\times(0.6-0.3a)+43.27\times(p-0.6+0.3a)=43.27p-27.63a+55.26$$

$\varphi_2^{\mathrm{T}}(v_{\mathrm{T}})$ 与 p、a 之间的关系如图 6-6 所示。

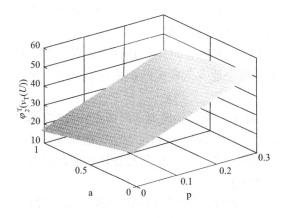

图 6-3 当 $0 \leqslant p \leqslant 0.3$，$0.6 - 0.3a \geqslant p$，
局中人 2 的收益变化

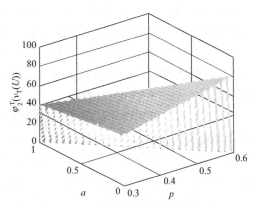

图 6-4 当 $0.3 < p < 0.6$，$0.6 - 0.3a \geqslant p$，
局中人 2 的收益变化

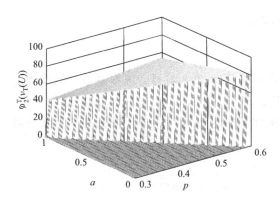

图 6-5 当 $0.3 < p < 0.6$，$0.6 - 0.3a \leqslant p$
局中人 2 的收益变化

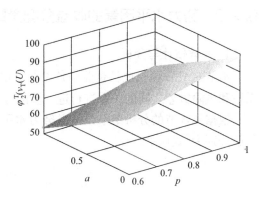

图 6-6 当 $0.6 \leqslant p \leqslant 1$，$0.6 - 0.3a \leqslant p$，
局中人 2 的收益变化

另外，p 和 a 变化时，局中人 1、3 的收益值 $\varphi_i^{\mathrm{T}}(v_{\mathrm{T}})$ 的变化情况还可以进行类似的讨论。

合作博弈中，局中人的参与度与其回报正相关。具体而言，参与度越高，受益越多。IPD 模式下的工程项目强调合作，这意味着联盟有共同的利益和利润诉求。参与者之间存在高度的相互依赖性，这种相互依赖性反映了正和合作博弈的特点。在项目联盟中任一个局中人越是取得成功，产生的联盟收益就越多，其他局中人的收益也会越大，反之亦然。而且，价值创造过程中彼此相辅相成、相互成就是矫正机会主义和"搭便车"行为的良方，与资源性投入有关的激励和奖励也就成了合作稳定强有力的措施。

5. 基于 Choquet 积分模糊合作对策方法的优越性

本节考虑了用参与度来度量 IPD 项目中难以计量的资源投入量，以此来研究资源性投入因素下 IPD 项目收益分配策略。提出了用模糊测度的 Choquet 积分来定义模糊联盟的支付函数。它有如下的优点：

（1）在 IPD 中，各参与方参与程度的模糊性和不确定性将影响整个项目的收益。为了分析两者之间的关系，本书进行了相应的探讨。研究发现，局中人的参与率越高，各参与者的收益越多。设计方对联盟的影响权重越大，则施工方对联盟的影响权重越低，施工方和设计方的参与度越低，三个核心参与者的收益分配值就越低，并呈单调递减状态。

（2）对建筑企业来说，加入大联盟，可以获得更多的利润。在 IPD 合作联盟中，每个参与者都能提高自己的收益，这也可以增加建筑企业参与联盟的积极性和热情，加强IPD 模式在 AEC 中的广泛应用。

（3）本节在深入研究联盟结构合作博弈的基础上，推广了经典的联盟结构合作博弈。利用模糊测度的 Choquet 积分定义了模糊合作对策的支付函数，这一方法算法简单，适用性强，能解决一个没有核心的合作博弈的求解问题。将这一思想引入 IPD 领域，用来求解不好定量的资源性投入的 IPD 项目的收益分配问题。

（4）对合作对策问题提供了一种快速、有效、更加符合实际情况的求解方法。并且，可以进一步拓展到其他合作博弈领域，为其他合作利益的分配问题提供一种崭新的研究视角和解决方案。

6.2.3 努力水平因素的收益分配策略计算

1. 参数估计与分析

本节对 IPD 项目成员企业中各参与方的收益分配系数 β 与努力成本系数，风险规避系数和风险方差之间的关系进行进一步的分析。

根据 4.3 节的分析结果，考虑努力水平条件下的 IPD 项目中分配系数和努力水平最优解分别为［式(4-23)］：

$$\beta^* = \frac{1}{\varphi(1+\rho k\sigma^2)}, q^* = \frac{\beta^*}{k} = \frac{1}{k\varphi(1+\rho k\sigma^2)}$$

以设计方为例，对式(4-23)中的众多参数进行估计和研究，并分析分配系数如何随着 IPD 项目成员企业的风险规避系数、风险方差的变化而变化。各成员企业贡献不同的资源，由 6.2.1 节分析与计算可知，该 IPD 项目中，业主方、设计方、承包方这三个参与方的贡献系数分别为 0.4013、0.2561、0.3426。

（1）各成员企业的风险厌恶系数 ρ 和风险评价方差 σ^2 不同组合下分配系数 β_i 的变化

参考相关文献 ［62］、［275］、［276］ 和 ［281］ 对参数的设置，本案例设计方的努力成本系数 k 为 2.5，此时：

$$\beta_1 = \frac{1}{0.4013 + 1.0033\rho\sigma^2}$$

$$\beta_2 = \frac{1}{0.2561 + 0.6403\rho\sigma^2} \qquad (6-2)$$

$$\beta_3 = \frac{1}{0.3426 + 0.8690\rho\sigma^2}$$

在图 6-7 中反映了业主、设计方、施工方在风险规避系数和风险评价方差不同的组合下的分配系数单调递减，且 β_i 在不同组合状态下都是 $\beta_2 > \beta_3 > \beta_1$。

（2）设计方努力成本系数 k_2 不同时，评价方差 σ^2 和风险规避系数 ρ 下的分配系数 β_2 的变化

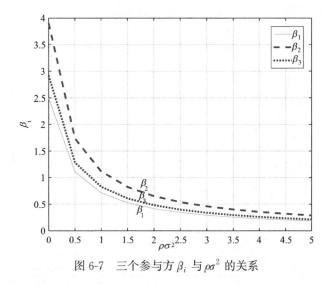

图 6-7 三个参与方 β_i 与 $\rho\sigma^2$ 的关系

按照式 (4-23) 可知，$k_2 = 1$ 时，

$$\beta_2^* = \frac{1}{0.2561 + 0.2561\rho\sigma^2} \tag{6-3}$$

k_2 取其他值时，可得到类似式子。图 6-8 反映了在设计方 k_2 不同时，β_2 与 $\rho\sigma^2$ 的关系。

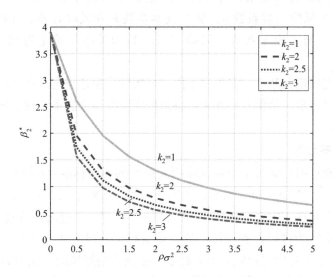

图 6-8 设计方 k_2 不同时，β_2 与 $\rho\sigma^2$ 的关系

(3) 设计方在不同的风险规避系数 ρ 下，评价方差 σ^2 和分配系数 β_2 的变化

当 $k_2 = 2.5$ 时，

$$\beta_2^* = \frac{1}{0.2561 + 0.6405\rho\sigma^2} \tag{6-4}$$

图 6-9 反映了在设计方 ρ 不同时，β_2 与 σ^2 的关系。

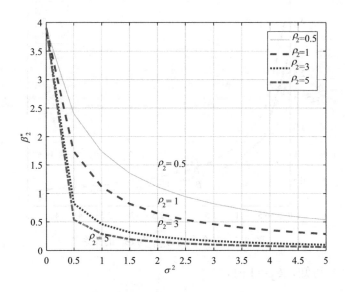

图 6-9　设计方 ρ_2 不同时，β_2 与 σ^2 的关系

　　类似的，业主方和施工方也可以进行相同步骤的分析。由图 6-7～图 6-9 分析可知，一个参与方的收益分配系数与风险分配系数和风险评价方差均是单调递减关系。分配系数 β 是绝对风险规避系数 ρ、努力成本系数 k 和风险方差 σ^2 的递减函数。努力水平是贡献系数、努力成本系数，风险规避系数和外生不确定性因素方差共同作用的函数。

　　本模型的研究结论是基于一定假设条件，对实际应用还需进一步验证，但基于委托—代理理论框架下努力水平量化分析方法，将拓展实际项目中决策者的管理视角，并为其决策提供理论支持。

2. 努力水平的计算

　　根据美国投资理财行业对于绝对风险厌恶系数的界定标准，ρ 值在 2～6 之间（Bodnar 等，2013）[277]。Aarbu 和 Schroyen（2009）[278] 在挪威进行的问卷调查表明，普通投资者的风险厌恶系数在 4 附近。Paravisini 等（2010）[279] 通过对一家在线 P2P 融资平台投资者的实际金融行为进行调查分析，估计普通投资者风险厌恶系数在 3 附近。按照式（4-23），ρ 越大，企业越厌恶风险，而 ρ 越小，企业越偏好风险。在 IPD 项目中，业主一般为风险中立者，设计方和承包商为风险回避者，同时，参照 Arrow（1970）[236]、Tversky 和 Kahnemann（1992）[280] 的取值，结合图 6-7～图 6-9，并对业主和施工方经过 MATLAB 绘图和数值模拟计算调试，将三者绝对风险规避系数 ρ_i 分别定为 0.5、3、2.8，风险方差 σ_1^2 分别为 0.5、1.2、1.2。然后，根据卢纪华（2013）[62] 和 Onur（2011）[281] 对参数的设置，结合图 6-7～图 6-9，本案例将业主、设计方、承包商这三个参与方的努力成本系数 k 分别定为 2.7、2.5、1.8。

　　本模型中关键参数值选取如表 6-10 所示。

关键参数取值　　　　　　　　　　　　　　　　　　　　　**表 6-10**

局中人	φ	k	ρ	σ^2
业主 1	0.4013	2.7	0.5	0.5
设计方 2	0.2561	2.5	3	1.2
施工方 3	0.3476	1.8	2.8	1.2

将表 6-10 中的数据代入式（4-23），可以得到如表 6-11 所示各参与方的收益分配值。

计算各参与方的收益分配值　　　　　　　　　　　　　　**表 6-11**

局中人	分配系数 β	努力水平 q	收益分配
业主 1	0.2014	0.0746	108.13
设计方 2	0.3905	0.1562	209.69
施工方 3	0.4081	0.2268	219.20

因此，业主方、设计方和施工方在最优努力水平下，收益分配值分别为 108.13 万美元、209.69 万美元、219.20 万美元。

如表 6-11 所示，设计方和施工方的收益分配比例分别为 39.05% 和 40.81%。这与工程实际中，努力成本一般是设计方和施工方付出较多，业主付出较少的情况是相符的。设计费占到工程总造价的比例，国外根据工程的类别、设计公司的实际或者各州的具体情况略有差别。设计费的高低一般是根据完成设计所耗费的时间而定。国外的设计费普遍高于国内，其责任与国内设计费内涵有较大的差异，国外一般还包括了施工阶段的质量管理。此外，本案例中的总设计费包括了分包顾问费和业主选择的顾问费。

同时，根据图 6-10 可以看出在项目早期做出设计决策的重要性，大多数设计在设计前期及方案设计中完成，完成于扩初设计阶段。这样，可以让获得积极结果的机会最大化和变更成本最小化。MacLeamy 主张将设计工作向前推进，将其前置，以减少设计变更的成本[282]。

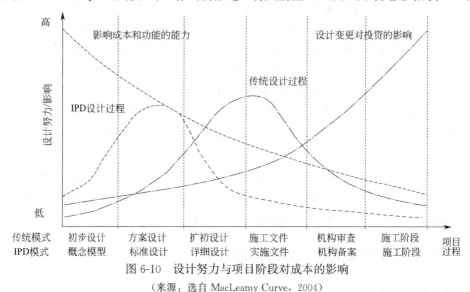

图 6-10　设计努力与项目阶段对成本的影响

（来源：选自 MacLeamy Curve，2004）

设计方在设计阶段会采用一系列的行为来提升项目价值，比如采用限额设计、设计方案优化、BIM 技术或者其他技术手段带来项目的增值（包括节约成本、缩短工期、绿色节能、降低建筑物碳排放、新技术的采用等），需要付出比其他参与方更多的精力、智力、财力等进行设计优化，产生创造性劳动而支出成本。这些努力成本和设计方的优化手段与方法等关系紧密，属于较难度量的无形资源。

另外，施工方在遵守合同契约的情况下，采用一定的努力措施使得项目顺利实施，比如加大技术研发投入、创新技术方法、加强技术手段、优化组织和施工方案、采用区块链技术提高建材物流效率并将物流全程记录，实施更先进的项目管理方法（比如采用精益建造、LPS 技术、数字孪生技术）、付出管理成本，取得良好效果的过程。这些努力行为实际上是为了提高企业的努力水平。

而业主在努力成本这一方面是付出最少的，这也是和实际情况相符的。业主在建设阶段，主要是投资，不断地付出成本。当然，收益提升后的一部分会回馈给业主方。

因此，IPD 主要参与方通过各自的努力行为，提高努力水平，换取项目整体收益的提升。并通过激励机制促使各方为了项目整体收益的提高而进行紧密合作，充分信任，信息沟通顺畅，将各方的项目目标统一为项目收益最大化。

3. 与其他努力水平研究方法的比较

毫无疑问，有其他学者用其他的研究方法研究了 IPD 项目中努力水平对收益分配的影响，为了验证本书研究方法的优越性，现选取与本书研究对象最为接近的一篇文献进行详细比较。徐勇戈和王若曦（2018）[10] 与本书研究对象是一致的。但是与本书相比，有以下两点主要区别：

（1）研究基础。徐勇戈和王若曦（2018）[10] 是从归因理论角度分析。该理论是从可能导致行为发生的各种因素的角度，判定行为产生的原因并判断其性质的过程。从项目建设阶段着手，判断和解释他人或自己的努力行为结果的原因，总结出影响 IPD 模式成功的 16 项努力因素。而本书是从委托—代理理论角度分析，分析委托人和代理人应该采取怎样的努力水平，使得委托人期望效用函数最大化，项目能有最大的收益。

（2）研究方法。徐勇戈和王若曦（2018）[10] 首先采用 FAHP 对努力行为的重要性进行评判，根据专家打分法确定各参与方在 16 项努力行为中的贡献，然后用 Shapley 值计算各方对项目的贡献，最后用风险系数、重要性系数、努力系数对各方初始的 Shapley 进行修正，得到各方努力水平下的最终收益分配值。

本书通过建立委托方和代理方的收益函数后，将委托人的问题用多目标约束函数表达，再用参数化方法表达的一维连续变量的 Holmstrom-Milgrom 模型求解，得到分配系数和努力水平最优解。

本模型的一些研究结论是在一定假设下得出的，没有对模型进行鲁棒性分析。鲁棒性意味着努力水平和收益分配系数的最优结果不受模型中参数选择而存在的数据扰动、噪声及离群点的太大影响。这些复杂的问题还需要进一步的研究工作来解决。

6.2.4　风险分担因素的收益分配策略计算

1. 项目风险识别

依照表 4-2 中总结的 IPD 模式的项目风险因素，对 Clare Health Center 项目实施过程中进行风险识别包括：不可抗力风险，地质气候风险，行业法规变动风险，政府政策变化风险，市场需求变化风险，施工质量风险，施工进度风险，技术风险，合作关系风险，公众对待项目态度风险，供应风险，设计缺陷风险。

（1）气候地质条件风险：Clare Health Center 项目设计在 2005 年，至 2009 年才完工。在施工过程中会由于异常气候，延缓施工，会导致工期延迟，因此在本项目进行风险分担时需考虑气候地质条件风险。政府政策变化风险，由于项目实施时间有 4 年，这期间存在着政府政策变化的风险。

（2）项目需求风险：当地居民对于 Clare Health Center 项目是否有迫切需求，当地居民对该健康中心投入使用的迫切需求，会迫使业主督促施工方加快进度，对项目成本和工期产生影响。公众对待项目态度风险，由于 Clare Health Center 项目是医疗类建筑，它的建成是对当地的医疗保障体系的进一步完善，与密苏里州当地居民有着密切联系，因此居民对项目的建设以及使用是要考虑的风险因素。

（3）施工质量风险：Clare Health Center 项目施工过程中，可能出现对施工质量管控不严的现象，质量问题直接影响项目的使用及安全，存在隐患。技术风险，项目主要参与方业主 SSM 医疗中心，建筑设计方 HGA，项目施工方 Alberici 对技术的掌握程度不一，在技术选择上会存在一定的分歧，对后续各方之间的信息流通产生影响。同时，若采用新技术，技术是否能实现，也存在着风险。

（4）合作关系风险：项目主要参与方业主 SSM 医疗中心，建筑设计方 HGA，项目施工方 Alberici 三方之间形成良好的合作关系有利于及时协商解决项目出现的问题，推动项目建设。Clare Health Center 项目前期针对是否使用 IPD 模式以及是否邀请项目经理对整个项目建设进行管控，以及是否采用 GMP 等问题上存在争议。后来，三方在关系良好的前提下进行协商，达成一致。在无项目经理介入的条件下，由施工方与建筑设计方进行精诚合作，完成了项目。

（5）供应风险：材料供应商对项目材料的及时供应影响项目的工期，材料质量也直接影响着项目的质量。设计缺陷风险，项目设计方 HGA 在项目建设前期对项目进行整体把控，尽量减少后期设计变更，而项目实际情况往往比设计方在进行设计时的想象更为复杂，因此需要对设计风险进行分担。

2. 改进结构熵权法识别关键共担风险

首先，运用典型调查法选择 5 名工作经验特别丰富、理论水平高、不同代表性的企业的专家进行调查问卷分析，专家基本情况如表 6-12 所示。

调查问卷 B 中专家基本信息统计表　　　　　　　　　　　表 6-12

专家	工作单位性质	职称	从业年限
专家 1	高校	教授	19
专家 2	高校	教授	23
专家 3	大型设计单位	高工	18
专家 4	大型施工企业	高工	19
专家 5	咨询单位	高工	16

从表 6-12 可以看出，5 位专家专业素养很高，符合典型调查的要求，问卷结果信度

很高。问卷 B 发放采用邮箱投递的方式，无空白卷，问卷回收率为 100%，有效率为 100%，问卷设计效度较好。

其次，对一级指标进行权重计算。通过对附录 B 中 IPD 模式下风险分担各级指标重要性问卷表 B-2 的结果收集，如表 6-13 所示。

风险一级指标专家打分表 表 6-13

一级指标	u_1	u_2	u_3
专家 1 对指标排序	1	2	3
专家 2 对指标排序	2	1	3
专家 3 对指标排序	2	1	3
专家 4 对指标排序	2	1	3
专家 5 对指标排序	2	1	3

得到其典型排序矩阵 A 为：

$$A = \begin{bmatrix} 1 & 2 & 3 \\ 2 & 1 & 3 \\ 2 & 1 & 3 \\ 2 & 1 & 3 \\ 2 & 1 & 3 \end{bmatrix}$$

将矩阵 A 代入式(4-24)中，经过结构熵计算，得到其隶属度矩阵 B_A：

$$B_A = \begin{bmatrix} 0.0000 & 0.2703 & 0.3662 \\ 0.2703 & 0.2703 & 0.3662 \\ 0.2703 & 0.0000 & 0.3662 \\ 0.2703 & 0.0000 & 0.3662 \\ 0.2703 & 0.0000 & 0.3662 \end{bmatrix}$$

接着按照 4.4.4 节中的步骤，根据式(4-25)～式(4-28)进行计算，结果见表 6-14。

一级风险指标典型排序的改进结构熵权计算表 表 6-14

一级指标	u_1	u_2	u_3
b_j	0.2162	0.0541	0.3662
$Q_j = \max_i(b_{1j}, b_{2j}, \cdots, b_{kj})$	0.2703	0.2703	0.3662
$x_j = (1-b_j)(1-Q_j)$	0.5719	0.6902	0.4017
α_j	0.3437	0.4148	0.2414

由此，得到一级指标的权重向量为（0.3437，0.4148，0.2414）。该向量符合专家的群体意愿与认知。

然后，依据对调查问卷附录 B 中表 B-3～表 B-5 收集的数据，可以得到宏观层、中观层、微观层风险指标的典型排序矩阵 C_1、C_2、C_3 分别为：

$$C_1 = \begin{bmatrix} 2 & 3 & 4 & 1 & 5 & 6 \\ 1 & 3 & 2 & 5 & 6 & 4 \\ 5 & 3 & 1 & 2 & 4 & 6 \\ 2 & 4 & 1 & 5 & 3 & 6 \\ 4 & 3 & 2 & 1 & 6 & 5 \end{bmatrix}, C_2 = \begin{bmatrix} 7 & 8 & 2 & 5 & 1 & 4 & 3 & 6 \\ 8 & 5 & 1 & 6 & 2 & 3 & 4 & 7 \\ 1 & 4 & 6 & 3 & 2 & 7 & 8 & 5 \\ 1 & 7 & 3 & 4 & 2 & 5 & 6 & 8 \\ 2 & 7 & 6 & 4 & 3 & 5 & 1 & 8 \end{bmatrix}, C_3 = \begin{bmatrix} 1 & 2 \\ 2 & 1 \\ 1 & 2 \\ 1 & 2 \\ 1 & 2 \end{bmatrix}$$

将矩阵 C_1 代入式(4-24)中，经过结构熵计算，得到其隶属度矩阵 B_{C_1}：

$$B_{C_1} = \begin{bmatrix} 0.1519 & 0.2703 & 0.3466 & 0.0000 & 0.3662 & 0.2986 \\ 0.0000 & 0.2703 & 0.1519 & 0.3662 & 0.2986 & 0.3466 \\ 0.3662 & 0.2703 & 0.0000 & 0.1519 & 0.3466 & 0.2986 \\ 0.1519 & 0.3466 & 0.0000 & 0.3662 & 0.2703 & 0.2986 \\ 0.3466 & 0.2703 & 0.1519 & 0.0000 & 0.2986 & 0.3662 \end{bmatrix}$$

按照 4.4.4 节中的步骤，根据式(4-25)~式(4-28)对二级指标宏观层进行计算，如表 6-15 所示。

宏观层典型排序的改进结构熵权计算表 表 6-15

宏观层	U_{11}	U_{12}	U_{13}	U_{14}	U_{15}	U_{16}
b_{1j}	0.2033	0.2856	0.1301	0.1769	0.3161	0.3217
Q_{1j}	0.3662	0.3466	0.3466	0.3662	0.3662	0.3662
x_{1j}	0.5049	0.4668	0.5684	0.5217	0.4335	0.4299
α_{1j}	0.1726	0.1596	0.1943	0.1783	0.1482	0.1470

得到二级指标宏观层的权重向量 = （0.1726，0.1596，0.1943，0.1783，0.1482，0.1470）。重复上面的步骤，根据式(4-25)~式(4-28)，运用 EXCEL 可以得到二级指标中观层的权重向量 = （0.1394，0.1111，0.1240，0.1098，0.1735，0.1125，0.1218，0.1078）和微观层的权重向量 = （0.5629，0.4371）。将以上一级指标和二级指标权重汇总于表 6-16，并求出二级指标的加权权重。

IPD 模式下共担风险因素集各级指标的权重值 表 6-16

一级指标	权重	二级指标	权重	加权权重
宏观层 U_1	0.3437	地质和气候条件风险 U_{11}	0.1726	0.0593
		行业法律法规变动风险 U_{12}	0.1596	0.0549
		政府政策变化风险 U_{13}	0.1943	0.0668
		项目需求水平变化风险 U_{14}	0.1783	0.0613
		公众对待项目态度风险 U_{15}	0.1482	0.0509
		通货膨胀风险 U_{16}	0.1470	0.0505
中观层 U_2	0.4148	项目规划风险 U_{21}	0.1394	0.0578
		合作伙伴选择的风险 U_{22}	0.1111	0.0461
		设计缺陷风险 U_{23}	0.1240	0.0514
		施工进度风险 U_{24}	0.1098	0.0456
		成本超支风险 U_{25}	0.1735	0.0720

续表

一级指标	权重	二级指标	权重	加权权重
中观层 U_2	0.4148	项目质量风险 U_{26}	0.1125	0.0467
		资源供应风险 U_{27}	0.1218	0.0505
		技术实现风险 U_{28}	0.1078	0.0447
微观层 U_3	0.2414	合作关系风险 U_{31}	0.5629	0.1359
		第三方风险 U_{32}	0.4371	0.0594

将表 6-16 中的加权权重从高到低，排名前 10 个的权重合计到了 66.97%，因此选出作为 IPD 项目关键共担风险因素，如表 6-17 所示。

IPD 项目关键共担风险因素　　　　　　　　　　　　　　　表 6-17

序号	指标	加权后权重
1	合作关系风险 U_{31}	0.1359
2	成本超支风险 U_{25}	0.0720
3	政府政策变化风险 U_{13}	0.0668
4	项目需求水平变化风险 U_{14}	0.0613
5	第三方风险 U_{32}	0.0594
6	地质和气候条件风险 U_{11}	0.0593
7	项目规划风险 U_{21}	0.0578
8	行业法律法规变动风险 U_{12}	0.0549
9	设计缺陷风险 U_{23}	0.0514
10	公众对待项目态度风险 U_{15}	0.0509
	小计	0.6697

即 IPD 模式关键共担风险因素集为 $\{U_{31}，U_{25}，U_{13}，U_{14}，U_{32}，U_{11}，U_{21}，U_{12}，U_{23}，U_{15}\}$。然后用 TFNs 定量化专家的模糊语义，再用 TOPSIS 法确定风险分担比例。

3. FAHP-TFNs-TOPSIS 法确定风险分担比例

为方便计算，称业主 SSM 医疗中心为业主方 1，建筑设计方 HGA 为设计方 2，项目施工方 Alberici 为施工方 3。

分别选取业主方、设计方、施工方、咨询方和供应商 5 方面的专家各 1 位进行典型调查，邀请专家们使用 Likert 五级评分法进行打分，5 份问卷均回收。将 5 份问卷（见附录 D-IPD 项目各参与方风险能力调查问卷）的各个打分求平均值。将问卷调查结果进行整理，得到表 6-18 中的数据，再根据表 4-13 中三角模糊语义集把语义变量变成对应的模糊数，建立模糊语义矩阵。

现以合作关系风险因素为例，根据表 6-18 中得到的数据，计算业主方、设计方和施工方各自风险分担系数。

IPD项目各参与方对风险因素的分担评价表　　　　　　表6-18

序号	风险因素	风险分担者	风险指标						
			风险偏好 F_{11}	风险期望收益 F_{12}	风险预测能力 F_{21}	风险评估 F_{22}	风险发生控制能力 F_{23}	发生后果处置能力 F_{31}	应急资金 F_{32}
1	合作关系风险	业主	5	5	4	4	4	4	4
		设计方	4	4	3	3	3	3	3
		施工方	4	4	3	3	3	3	3
2	成本超支风险	业主	5	2	3	3	4	3	5
		设计方	4	1	2	2	1	1	1
		施工方	5	4	4	4	4	4	3
3	政府政策变化风险	业主	5	3	4	4	3	3	4
		设计方	2	2	2	1	1	1	1
		施工方	5	5	1	1	2	2	1
4	项目需求水平变化	业主	4	3	3	3	3	3	4
		设计方	2	2	2	2	2	2	2
		施工方	4	5	4	4	4	4	3
5	第三方风险	业主	4	1	2	4	4	4	4
		设计方	1	1	2	3	2	3	2
		施工方	3	4	4	4	4	4	3
6	地质和气候条件风险	业主	3	1	4	4	4	5	5
		设计方	3	2	3	3	3	3	2
		施工方	5	5	3	3	4	4	2
7	项目规划风险	业主	5	5	4	4	4	4	4
		设计方	3	3	3	3	3	2	2
		施工方	3	4	4	4	4	4	2
8	行业法律法规变动风险	业主	4	1	2	2	2	4	4
		设计方	1	3	3	3	3	3	2
		施工方	4	5	4	4	4	4	3
9	设计缺陷风险	业主	5	1	1	1	1	2	4
		设计方	5	1	4	4	5	5	3
		施工方	4	5	1	2	2	2	2
10	公众对待项目态度风险	业主	4	4	4	4	4	4	4
		设计方	3	2	2	2	2	2	2
		施工方	3	3	2	3	2	2	2

1）计算加权模糊指标

其模糊语义矩阵为：

$$P_{11}=\begin{bmatrix} 0.75 & 1 & 1 \\ 0 & 0.25 & 0.5 \\ 0.25 & 0.5 & 0.75 \\ 0.25 & 0.5 & 0.75 \\ 0.5 & 0.75 & 1 \\ 0.25 & 0.5 & 0.75 \\ 0.75 & 0.1 & 1 \end{bmatrix}$$

根据表 4-12 中算出的风险分担评价指标权重 $W_{F_{ij}}=[0.2116，0.1552，0.1256，0.1038，0.0928，0.1594，0.1516]^{\mathrm{T}}$，从而计算加权的模糊矩阵 Q_{11}。

$$Q_{11}=\begin{bmatrix} 0.1587 & 0.2116 & 0.2116 \\ 0.0388 & 0.0776 & 0.1164 \\ 0.0628 & 0.0942 & 0.1256 \\ 0.0519 & 0.0779 & 0.1038 \\ 0.0232 & 0.0464 & 0.0696 \\ 0.0399 & 0.0797 & 0.1196 \\ 0.0758 & 0.1137 & 0.1516 \end{bmatrix}$$

2）确定加权模糊正理想解和负理想解

根据公式（4-36）$Q_{ij}^{+}=w_i\Theta P_{ij}^{+}$

$$=[0.2116,0.1552,0.1256,0.1038,0.0928,0.1594,0.1516]^{\mathrm{T}}\cdot\begin{bmatrix} 0.75 & 1 & 1 \\ 0.75 & 1 & 1 \\ 0.75 & 1 & 1 \\ 0.75 & 1 & 1 \\ 0.75 & 1 & 1 \\ 0.75 & 1 & 1 \\ 0.75 & 1 & 1 \end{bmatrix}$$

$$=\begin{bmatrix} 0.1587 & 0.2116 & 0.2116 \\ 0.1164 & 0.1552 & 0.1552 \\ 0.0942 & 0.1256 & 0.1256 \\ 0.0779 & 0.1038 & 0.1038 \\ 0.0696 & 0.0928 & 0.0928 \\ 0.1196 & 0.1594 & 0.1594 \\ 0.1137 & 0.1516 & 0.1516 \end{bmatrix}$$

$$\text{同理},Q_{ij}^{-} = \begin{bmatrix} 0.0000 & 0.0000 & 0.0529 \\ 0.0000 & 0.0000 & 0.0388 \\ 0.0000 & 0.0000 & 0.0314 \\ 0.0000 & 0.0000 & 0.0260 \\ 0.0000 & 0.0000 & 0.0232 \\ 0.0000 & 0.0000 & 0.0399 \\ 0.0000 & 0.0000 & 0.0379 \end{bmatrix}$$

7 项二级评价指标的加权模糊正理想解均为 Q_{ij}^{+}，加权模糊负理想解均为 Q_{ij}^{-}。

3）计算各加权模糊值到加权理想解的距离尺度

先依据式(4-38)和式(4-39)，计算加权模糊指标值 i 到加权模糊正理想解 q^{+} 的距离 d^{+}，如表 6-19 所示。

合作关系风险的评价指标 i 与模糊正理想 q^{+} 之间的距离 d^{+}　　　表 6-19

i	q_i	q^{+}	$d(q_i,q_i^{+})$	d^{+}
$i=1$	(0.1058, 0.1587, 0.2116)	(0.1587, 0.2116, 0.2116)	0.0748	
$i=2$	(0.1164, 0.1552, 0.1552)	(0.1164, 0.1552, 0.1552)	0.0000	
$i=3$	(0.0628, 0.0942, 0.1256)	(0.0942, 0.1256, 0.1256)	0.0444	
$i=4$	(0.0519, 0.0779, 0.1038)	(0.0779, 0.1256, 0.1038)	0.0367	0.2987
$i=5$	(0.0464, 0.0696, 0.0928)	(0.0696, 0.0928, 0.0928)	0.0328	
$i=6$	(0.0797, 0.1196, 0.1594)	(0.1196, 0.1594, 0.1594)	0.0564	
$i=7$	(0.0758, 0.1137, 0.1516)	(0.1137, 0.1516, 0.1516)	0.0536	

然后，依据式(4-38)和式(4-40)，计算加权模糊指标值 i 到加权模糊负理想解 q_i^{-} 的距离 d^{-}，如表 6-20 所示。

评价因素 i 与模糊正理想 q_i^{-} 之间的距离 d^{-}　　　表 6-20

i	q_i	q_i^{-}	$d(q_i,q_i^{-})$	d^{-}
$i=1$	(0.1058, 0.1587, 0.2116)	(0.0000, 0.0000, 0.0529)	0.3085	
$i=2$	(0.1164, 0.1552, 0.1552)	(0.0000, 0.0000, 0.0388)	0.1164	
$i=3$	(0.0628, 0.0942, 0.1256)	(0.0000, 0.0000, 0.0314)	0.1473	
$i=4$	(0.0519, 0.0779, 0.1038)	(0.0000, 0.0000, 0.0260)	0.1217	1.2169
$i=5$	(0.0464, 0.0696, 0.0928)	(0.0000, 0.0000, 0.0232)	0.0696	
$i=6$	(0.0797, 0.1196, 0.1594)	(0.0000, 0.0000, 0.0399)	0.1196	
$i=7$	(0.0758, 0.1137, 0.1516)	(0.0000, 0.0000, 0.0379)	0.1778	

4）计算贴近度

根据式(4-41)，$D = \dfrac{d^{-}}{d^{+}+d^{-}} = \dfrac{1.2169}{0.2987+1.2169} = 0.8029$

其余的 29 个贴近度均按照以上 1）～4）的步骤根据 EXCEL 进行计算。计算结果见表 6-21。

风险分担比例计算数据表 表 6-21

序号	风险因素	风险分担方	正理想解	负理想解	贴近度 D	e^{v_i}	S_i
1	合作关系风险	业主	0.2987	1.2169	0.8029	2.2320	0.4107
		设计方	0.7865	0.6993	0.4707	1.6011	0.2946
		施工方	0.7865	0.6993	0.4707	1.6011	0.2946
2	成本超支风险	业主	0.5064	0.9847	0.6604	1.9356	0.3615
		设计方	1.1587	0.3294	0.2213	1.2477	0.2330
		施工方	0.3388	1.1689	0.7753	2.1712	0.4055
3	政府政策变化风险	业主	0.4403	1.0608	0.7067	2.0273	0.4308
		设计方	1.0583	0.1741	0.1413	1.1517	0.2448
		施工方	0.8511	0.6239	0.4230	1.5265	0.3244
4	项目需求水平变化	业主	0.6060	0.9035	0.5985	1.8194	0.3500
		设计方	1.1726	0.3536	0.2317	1.2607	0.2425
		施工方	0.3764	1.1319	0.7505	2.1181	0.4075
5	第三方风险	业主	0.6278	0.8877	0.5858	1.7964	0.3593
		设计方	1.1660	0.3282	0.2197	1.2457	0.2491
		施工方	0.4975	1.0191	0.6719	1.9580	0.3916
6	地质和气候条件风险	业主	0.4546	1.0447	0.6968	2.0073	0.3616
		设计方	0.8787	0.6284	0.4167	1.5169	0.2733
		施工方	0.4390	1.0561	0.7064	2.0267	0.3651
7	项目规划风险	业主	0.2239	1.2772	0.8509	2.3418	0.4036
		设计方	0.8141	0.6899	0.4587	1.5820	0.2726
		施工方	0.5616	0.9590	0.6307	1.8789	0.3238
8	行业法律法规变动风险	业主方	0.7888	0.7267	0.4795	1.6153	0.3115
		设计方	0.9638	0.5312	0.3553	1.4266	0.2751
		施工方	0.3588	1.1528	0.7626	2.1438	0.4134
9	设计缺陷风险	业主方	1.0112	0.4822	0.3229	1.3811	0.2965
		设计方	0.5797	0.9090	0.6106	1.8415	0.3953
		施工方	0.9591	0.5437	0.3618	1.4359	0.3082
10	公众对待项目态度风险	业主方	0.3536	1.1726	0.7683	2.1561	0.4384
		设计方	1.0832	0.4374	0.2877	1.3334	0.2711
		施工方	0.9737	0.5401	0.3567	1.4286	0.2905

5）计算风险分担比例

用模糊贴近度多目标分类法的 Softmax 函数进行标签分类，确定各参与方的风险分担系数。将表 6-21 中 10 个共担风险因素的贴近度用式（4-42）算出 S_i，即表 6-21 中的最后一列，再把表 6-21 中的在风险分担各承担方的比例分别相加，得到该项目总体的风险分担比例，见表 6-22。

核心参与方的风险分担比例 表 6-22

项目	业主方	设计方	施工方
风险分担比例汇总	3.7239	3.0248	3.1330
最终总体的分担比例	37.68%	30.61%	31.71%
收益分配值	202.37	164.38	170.27

则该 IPD 项目考虑风险分担，业主方、设计方和施工方的收益分配分别为 202.37 万美元、164.38 万美元、170.27 万美元。

6.3 基于不对称 Nash 谈判模型的 IPD 项目收益分配策略计算

6.3.1 谈判力计算

根据前文的研究，该 IPD 项目分别仅考虑一个因素时，业主方、设计方和施工方的收益分配汇总见表 6-23。

考虑单因素下三方的收益分配值（单位：万美元） 表 6-23

因素	业主方 1	设计方 2	施工方 3
贡献度	215.51	137.55	183.96
资源性投入	86.97	56.31	76.64
努力程度	108.13	209.69	219.20
风险分担	202.37	164.38	170.27

1）用 PCA 对各因素进行排序

在上述各个影响因素测度方法得到的结果的基础上，确定一个 4×3 的原始数据矩阵 A，并将其进行归一化处理，从而得到标准化矩阵 SA：

$$A=\begin{bmatrix}215.51 & 137.55 & 183.96\\ 86.97 & 56.31 & 76.64\\ 108.13 & 209.69 & 219.20\\ 202.37 & 164.38 & 170.27\end{bmatrix},\quad SA=\begin{bmatrix}0.9563 & -0.0688 & 0.3524\\ -1.0179 & -1.3301 & -1.4113\\ -0.6929 & 1.0512 & 0.9315\\ 0.7545 & 0.3477 & 0.1274\end{bmatrix}$$

指标的相关系数矩阵 CM 为：

$$CM=\begin{bmatrix}1 & 0.2751 & 0.4049\\ 0.2751 & 1 & 0.9576\\ 0.4049 & 0.9576 & 1\end{bmatrix}$$

再用 MATLAB（2016a）（计算程序见附表 A.3）进行计算，求出 CM 矩阵的特征值、特征向量和方差贡献率，见表 6-24。

相关系数矩阵的特征值、特征向量和方差贡献率 表 6-24

评价组合	特征值	贡献率	累计贡献率
主成分 1	2.1601	0.7200	0.7200
主成分 2	0.8093	0.2698	0.9898
主成分 3	0.0306	0.0102	1.0000

第2个主成分的方差贡献率为 $0.7200+0.2698=0.9898>95\%$，得到主成分部分的特征向量为：

$$PV=\begin{bmatrix} 0.3846 & 0.9162 \\ 0.6403 & -0.3518 \\ 0.6647 & -0.1919 \end{bmatrix}$$

综合评价值＝$SA\cdot PV$，再按综合评价值进行排序。由 PCA 模型求得主成分分析结果见表 6-25。

主成分分析结果 表 6-25

因素	第1主成分评价值	第2主成分评价值	综合评价值	排序结果
贡献度	0.5584	0.8328	1.3911	1
资源性投入	-2.1817	-0.1939	-2.3755	4
努力程度	1.0254	-1.1834	-0.1579	3
风险分担	0.5978	0.5445	1.1423	2

2）用 LINMAP 法计算指标权重

根据用 PCA 法得到的标准化矩阵 SA 和四个因素的排序结果，根据式(5-4)，建立 IPD 的收益分配的有序对集 Ψ 为：

$$\Psi=\{(1,4),(1,3),(1,2),(4,3),(4,2),(3,2)\}$$

然后，根据式(5-10)构造线性规划的等式约束条件，一般令 $\Delta=1$，则

$$G-B=S_4-S_1+S_3-S_1+S_2-S_1+S_3-S_4+S_2-S_4+S_3-S_2$$
$$=3(S_2-S_1)-(S_3-S_4)$$
$$=0.4902\omega_1+4.3145\omega_2+4.7161\omega_3+8.9060V_1+8.9676V_2+12.2260V_3$$

再根据式(5-11) 构造各不等式约束条件，线性规划中的第一个不等式约束方程由方案对 $(k,l)=(1,4)$ 得到：

$$\sum_{j=1}^{2}\omega_j(Z_{4j}^2-Z_{1j}^2)-2\sum_{j=1}^{2}V_j(Z_{4j}-Z_{1j})+\lambda_{14}\geqslant0$$

即：

$$\omega_1(0.7603^2-0.9512^2)+\omega_2(0.3495^2-0.0694^2)+\omega_3(0.1181^2-0.3564^2)$$
$$-2V_1(0.7603-0.9512)-2V_2(0.3495+0.0694)-2V_3(0.1181-0.3564)+\lambda_{14}\geqslant0$$

整理得到：

$$-0.3267\omega_1+0.1173\omega_2-0.1131\omega_3+0.3818V_1-0.8378V_2+0.4766V_3+\lambda_{14}\geqslant0$$

类似地，可利用 EXCEL 计算得到其他 5 个有序对集对应的不等式约束条件。于是，建立如式(6-5) 所示规划问题。

$$\min\lambda=\lambda_{14}+\lambda_{13}+\lambda_{12}+\lambda_{43}+\lambda_{32}+\lambda_{42}$$

$$\text{s. t.} -0.3267\omega_1+0.1173\omega_2-0.1131\omega_3+0.3818V_1-0.8378V_2+0.4766V_3+\lambda_{14}\geqslant0$$
$$-0.4236\omega_1+1.0983\omega_2+0.7465\omega_3+3.2898V_1-2.2394V_2-1.1564V_3+\lambda_{13}\geqslant0$$
$$0.1311\omega_1+1.7651\omega_2+1.8585\omega_3+3.9380V_1+2.5220V_2+3.5310V_3+\lambda_{12}\geqslant0$$
$$-0.0968\omega_1+0.9810\omega_2+0.8595\omega_3+2.9080V_1-1.4016V_2-1.6330V_3+\lambda_{43}\geqslant0 \quad (6\text{-}5)$$
$$0.5547\omega_1+0.6668\omega_2+1.1121\omega_3+0.6482V_1+4.7614V_2+4.6874V_3+\lambda_{32}\geqslant0$$

$$0.4579\omega_1 + 1.6478\omega_2 + 1.9716\omega_3 + 3.5562V_1 + 3.3598V_2 + 3.0544V_3 + \lambda_{42} \geqslant 0$$

$$0.4902\omega_1 + 4.3145\omega_2 + 4.7161\omega_3 + 8.9060V_1 + 8.9676V_2 + 12.2260V_3 = 1$$

$$\lambda_{kl}, \omega_j \geqslant 0, (k,l) \in \Psi, j = 1,2,3$$

利用 MATLAB（2016a）软件求解该线性规划问题（计算程序见附录 A.4），解得 $\omega_1 = 0.0356$，$\omega_2 = 0.0373$，$\omega_3 = 0.0204$，$V_1 = 0.0533$，$V_2 = 0.0031$，$V_3 = 0.0182$，$\lambda_{kl} = 0$。

业主方、设计方、施工方的权重平方值向量为 $\omega = (0.1887, 0.1933, 0.1428)^{\mathrm{T}}$，将 ω 开方并进行归一化处理得到各指标的权重，即三者的谈判力，如表 6-26 所示。

核心参与方的谈判力值 ϑ_i 表 6-26

参与方	谈判力
业主方	0.3596
设计方	0.3681
施工方	0.2723

将表 6-23 中的数据归一化，得到表 6-27 中的数据。

单因素下三方的收益分配值归一化（单位：万美元）   表 6-27

因素	业主 1	设计方 2	施工方 3
贡献度	0.4013	0.2561	0.3426
资源性投入	0.3955	0.2560	0.3485
努力程度	0.2014	0.3905	0.4081
风险分担	0.3768	0.3061	0.3171

则可以确定一个对收益分配三方主体都最理想的收益分配比例方案 $X^+ = (x_1^+, x_2^+, x_3^+) = (0.4013, 0.3905, 0.4081)$ 和一个对收益分配三方主体都最不理想的收益分配比例方案 $X^- = (x_1^-, x_2^-, x_3^-) = (0.2014, 0.2560, 0.3171)$。

6.3.2 确定各参与方收益分配

根据式(5-15) $k_i = x_i^- + \vartheta_i (1 - \sum_{i=1}^{3} x_i^-)$，则业主方、设计方和施工方合理的收益分配方案为 $K = (k_1, k_2, k_3) = (0.2830, 0.3397, 0.3773)$，计算过程见表 6-28。

综合因素下三方的收益分配值（单位：万美元）   表 6-28

参与方	ϑ_i	x_i^-	k_i	s_i^*
业主方	0.3596	0.2014	0.2825	151.71
设计方	0.3681	0.2560	0.3390	182.05
施工方	0.2723	0.3171	0.3785	203.26

根据式(5-16) $s_i^* = S \times k_i$，进一步求三者的收益分配值 s_i^*，故该 IPD 项目中三个主要参与者业主方、设计方和施工方最终合理的收益分配值为 $S = (s_1^*, s_2^*, s_3^*) = (151.71, 182.05, 203.26)$。

6.4　收益分配策略比较分析

本书将从以下四个角度对五种收益分配策略结果进行比较分析：五种收益分配策略原理比较；与对称 Nash 谈判模型的计算结果进行比较分析；三个参与方在不同收益分配策略下绝对值比较分析和在相对值比较分析。

1）五种收益分配策略原理比较

（1）仅从贡献因素来分配 IPD 项目的收益时，由于最大熵值法以边际贡献为收益分配的基础，并将 537.02 万美元的收益全部分配，满足了收益分配有效性的要求。兼具了"公平"和"效率"。用最大熵值法进行收益分配，虽然避免了"大锅饭"，不是平均主义，但是没有考虑实践中建设项目业主的主导作用，将联盟成员的重要程度完全平等化。

（2）仅从资源性投入角度来进行收益分配时，由于各参与方没有将各自的资源完全投入某一建设项目，资源性投入具有不可确定性，因此，在仅考虑投入进行收益分配时，没有达到收益分配的有效性要求，即没有将 537.02 万元的收益全部在这个 IPD 项目中分配，只分配了 219.92 万美元，有"剩余"。因此在表 6-23 中可以看到，这种情况下，业主方、设计方和施工方各自得到的收益都很少。

（3）仅从努力水平角度来进行收益分配时，由于设计阶段是对整个项目的造价等方面影响最大的一个阶段，也是对 IPD 项目成本目标控制最有效的阶段，因此，在仅考虑努力水平这个角度时，设计方付出的创新性成本最多，可以获得很多的收益，与施工方获得的收益分配所差无几。另外，为了使各参与者能从自身利益最大化角度出发而采取合作策略时的均衡努力水平，在整个 IPD 项目中需进行最优契约的设计。

（4）仅从风险分担角度进行收益分配时，能对风险进行全面系统分析，识别关键共担风险，考虑了将各参与方承担的风险与所获得的收益紧密结合，能较好地体现 IPD 项目中的"收益/风险共享"的基本原则，可以鼓励各参与方积极主动地承担责任，这也有助于各参与方的工作的积极性。

（5）Nash 谈判模型法基于成员间的相互竞争，考虑合作，更为注重了成员的个体性。考虑了收益分配各个因素之间的影响，三个核心参与主体的谈判力，与项目的实际情况更加符合。

多属性决策问题的本质就是处理相互冲突的目标，一般无法使得每个目标函数都能达到最优解的状态。因此，决策者需要根据各目标综合考虑，让项目联盟整体的收益分配达到最佳妥协解，该解一般需要满足三个要求：公平性、有效性和非劣解。

从以上对五种收益分配策略的分析，从收益分配方案解的角度可以总结如表 6-29 所示。

五种策略解的特点 表 6-29

因素	公平性	有效性	非劣解
贡献度	√	√	
资源性投入	√		
努力程度	√		
风险分担	√	√	
不对称 Nash 谈判模型	√	√	√

综上所述，多目标多人合作对策 Nash 谈判模型最能满足多目标决策最优解的要求。

2）与对称 Nash 谈判模型的计算结果进行比较分析

本案例如果采用传统的多目标多人 Nash 谈判模型，即对称 Nash 谈判模型时，业主方、设计方和施工方的谈判力相等。

根据式(5-15) $k_i = x_i^- + \vartheta_i (1 - \sum\limits_{i=1}^{3} x_i^-)$，其中 $\vartheta_i' = 1/3$，则业主方、设计方和施工方合理的收益分配比例计算见表 6-30，则 $K' = (k_1', k_2', k_3') = (0.2766, 0.3311, 0.3923)$。

故该 IPD 项目按照对称 Nash 谈判模型计算业主、设计方和施工方的最终合理的收益分配值用式(5-16) 算出为 $S' = (148.52, 177.84, 210.66)$。

对称 Nash 谈判模型下三方的收益分配值计算　　　　　　　　　　　表 6-30

参与方	ϑ_i'	x_i^-	k_i'	$s_i^{*'}$
业主方	0.3333	0.2014	0.2766	148.52
设计方	0.3333	0.2560	0.3311	177.84
施工方	0.3334	0.3171	0.3923	210.66

与本书建立的不对称 Nash 模型数据进行比较，见图 6-11。

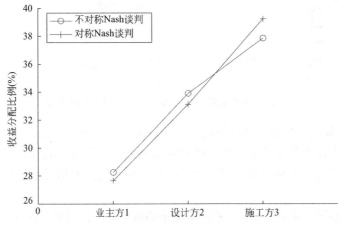

图 6-11　对称与不对称 Nash 谈判策略对比

从图 6-11 可以看出，不对称 Nash 谈判模型下的收益分配与对称 Nash 谈判模型下的收益分配相比，业主方在不对称 Nash 谈判模型时的收益比对称 Nash 谈判模型时的收益分配系数高 0.59%，设计方变化不大，而施工方降低了近 1.38%。这主要是因为在对称 Nash 谈判模型中，认为三方的谈判力均等，均为 1/3，这与工程实际是不符的，由于业主在项目中基本处于主导地位，并且业主是付款方或者投资者，在谈判时往往会占据主动权，谈判力会比设计方和施工方强。因为一个项目中三方谈判力之和为 1，谈判力此消彼长，业主的谈判力增加，施工方的谈判力就会降低。而无论业主方和施工方谈判力如何变化，设计方基于在项目中工作任务，谈判力基本是不变的，所以两种策略下设计方的收益分配比值基本没有变化。

3）三个参与方在不同收益分配策略下绝对值比较分析

将本书中应用的五种收益分配策略得到该 IPD 项目的收益分配比例汇总于表 6-31 中。将其用折线图表示，见图 6-12。

五种策略下各参与方的收益分配结果（单位：万美元）　　　　　　　表 6-31

策略	业主 1	设计方 2	施工方 3	总收益
贡献	215.51	137.55	183.96	537.02
资源性投入	86.97	56.31	76.34	219.62
努力	108.13	209.69	219.2	537.02
风险	202.37	164.38	170.27	537.02
不对称 Nash 谈判模型	160.37	182.41	202.61	537.02

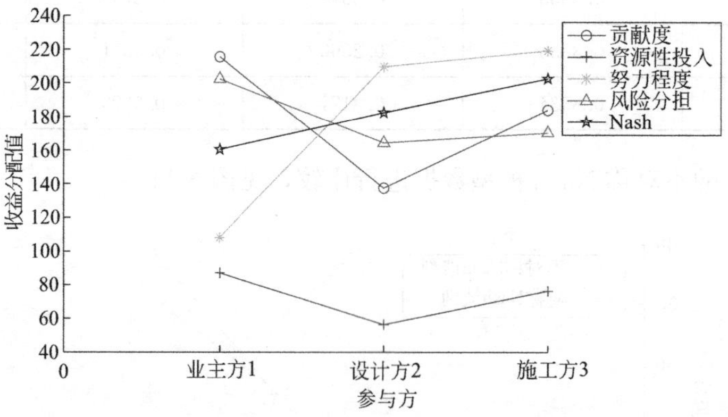

图 6-12　五种策略下核心参与方的收益分配绝对值

从图 6-12 可知，三个参与方在不同策略下收益分配值差异较大。贡献策略和风险分担策略下，由于资源性投入策略下未对收益完全分配，不具有有效性，所以该策略值均低于其他策略。现对其余四种策略下三个核心参与方的收益分配绝对值进行比较：

（1）业主方

在这四种策略下，业主方在努力程度策略中的收益分配值最低，在贡献因素下的收益分配值最高。主要是因为从努力程度的付出角度看，业主方处于主导地位，是联盟中各方努力程度及相应的契约、惩罚和激励机制的制定者，同时业主方可以做的努力行为最少。同时，从贡献角度看，基于最大熵法的收益分配是根据每个参与者对整个联盟贡献的多少确定的，显然业主对联盟的贡献是最大的，联盟的组织、协调、统筹大多由业主主导完成。

（2）设计方

在这四种策略下，设计方在以贡献策略中的收益分配值最低，在努力程度因素下的收益分配值最高。由于设计方主要参与建设方案的确定，根据 Macleamy Curve（2004），大多数设计在设计前期及方案设计中完成，完成于扩大初步设计阶段。这样可以让获得积极结果的机会最大化和变更成本最小化。在设计阶段，设计方的努力行为较多，付出的努力成本较高。而从贡献的角度看，设计方由于在项目中任务的独立性，贡献会比业主方和施工方少。

（3）施工方

在这四种策略下，施工方在风险分担策略中的收益分配值最低，在努力程度策略中收益分配值最高。在风险分担中，施工方承担了比业主较低的比例，所以该参与者的收益分配值较低，而在努力程度策略中，施工方的努力行为较多，所以其收益分配值较高。

4）三个参与方不同收益分配策略下相对值比较

对表 6-31 中的数据进行归一化处理，得到表 6-32 所示的五种策略下各参与方的收益分配结果相对值。

五种策略下各参与方的收益分配结果相对值　　　　　　　　　表 6-32

策略	业主方 1	设计方 2	施工方 3
贡献	0.4013	0.2561	0.3426
资源性投入	0.3960	0.2564	0.3476
努力	0.2014	0.3905	0.4082
风险	0.3781	0.3064	0.3155
不对称 Nash 谈判模型	0.2830	0.3397	0.3773

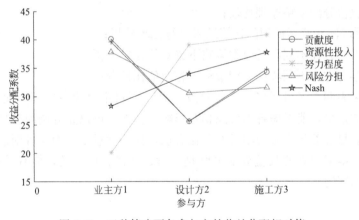

图 6-13　五种策略下各参与方的收益分配相对值

从图 6-13 可以看到，资源性投入和贡献度两种策略的收益分配相对值非常接近。实际上，当各参与方均以 1 的参与度参与一个项目时，相当于参与方将其所有资源投入该项目，这与贡献度策略就重合了。在考虑努力程度因素下，设计方和施工方的系数相差不大，均比业主方高，因为努力行为主要发生在设计方和施工方之间。在考虑风险分担因素下，设计方和施工方的系数相差不大，均比业主方低。在不对称 Nash 谈判模型中，三个核心参与方的比例比较一致。

通过以上对结果多角度比较可以看出，多目标多人合作对策 Nash 谈判模型分配值更加合理。它综合权衡了参与者的贡献度、资源投入、努力水平和风险分担这四种因素后，引入了谈判力的概念，建立了 IPD 项目中不对称 Nash 谈判模型，对 IPD 项目中考虑单个影响因素后的收益分配结果进行了优化和调整。

不对称 Nash 谈判模型法系统、全面地考虑了影响 IPD 项目收益分配的贡献、资源性投入、努力水平和风险分担等因素，能解决传统收益分配方案平均化的问题，大幅提高 IPD 联盟中各参与者的投入产出的有效性、正确进行共担风险划分，实现分配结果客观、公平。综合因素下的收益分配方案，将能够正向激励参与者，鼓励参与者投入更多资源，使用先进的技术、管理方法，优化方案，优化工作程序，保证合作联盟的稳定性、保证项目的施工质量、节约成本、缩短工期，有利于提高项目的整体利益，为项目创造最大的整体价值，满足业主的需求，生产效率提高、成功实现功能/价值的项目交付体现，促进建筑产业的繁荣与良性发展，实现更大的社会效益。

6.5 本章小结

为了进一步分析 IPD 项目中的收益分配问题，本章通过 AIA 的 IPD 案例集中的 SSM St. Clare Center 案例进行了实例应用与验证分析。首先，简单介绍了项目概况，并列出了所选案例的合同组织结构，以及收益分配的来源；然后，结合项目本身的基础数据，对第 4 章中提出的四个单因素下 IPD 项目的收益分配策略进行了实例计算和讨论，进而对第 5 章提出基于不对称 Nash 谈判模型的 IPD 项目的收益分配策略进行了实证。

最后对五种收益分配策略从四个角度进行比较分析：

（1）五种收益分配策略原理比较；

（2）与对称 Nash 谈判模型的计算结果进行比较分析；

（3）三个参与方在不同收益分配策略下绝对值比较分析；

（4）三个参与方在不同收益分配策略下相对值比较分析。

数据的结果表明，多目标多人合作对策的 IPD 项目不对称谈判模型适合 IPD 项目核心参与者不多的情况，能考虑各因素间相互影响的特点，可以充分调动参与者的工作积极性、能更好地满足各参与方参与项目的利益诉求，提高满意度，为项目创造最大的整体价值。从而验证了本书建立的收益分配策略是科学、严谨、可靠的，能有效地解决 IPD 项目中收益分配的问题。

第7章

结论与展望

随着 AEC 行业的发展，项目变得规模越来越大、复杂、价格高昂，风险范围扩大，项目的传统交付方式面临越来越大的挑战。IPD 模式能有效缓解上述问题[283]，而收益分配是 IPD 项目合作联盟中最为重要的问题。本书在研究 IPD 这种新型项目交付方式的基础上，结合制度经济学、信息经济学、博弈论、风险管理、模糊数学等多学科知识，采用了合作联盟理论、委托—代理理论、收益共享契约理论、风险分担理论等研究 IPD 项目的收益分配问题，以推动 IPD 模式在我国建筑业落地实施。因此，研究具有重要的理论意义和实践意义。

本书通过文献研究法、扎根理论研究法、问卷调查法、专家访谈法、定量与定性分析法和案例分析法等研究方法，对 IPD 项目四个单因素和综合因素下收益分配策略分别进行了研究。并运用多目标多人的不对称 Nash 谈判模型在项目三个核心收益分配主体间建立了收益分配策略，为 IPD 项目的收益分配提供一种研究思路和视角。

7.1 结论

本书主要研究结论包括以下方面：

（1）大多数对收益分配影响因素的研究仅从单一视角（如风险），多个因素对收益分配策略影响的研究还很少见。本书用 KDD 技术，运用 CiteSpace 软件，通过扎根理论研究法，对收益分配的影响因素进行了文本挖掘，找出了 IPD 项目中收益分配的主要影响因素是贡献度、资源性投入、努力水平和风险分担，并系统探索了四个主要影响因素的内涵构成，构建了 IPD 项目收益分配影响因素的概念模型，为研究提供了理论基础。

（2）针对资源性投入难以衡量的问题，用参与度度量 IPD 项目中的资源投入量，将 IPD 联盟视为模糊联盟，并利用模糊测度的 Choquet 积分定义了模糊合作对策的支付函数，研究资源性投入下 IPD 项目收益分配策略。研究发现，在 IPD 联盟中，每个参与者都能最大化自己的利益，参与率越高，各个参与者的收益就越多。这可以增加项目的稳定性、提高项目各参与方的满意度，提高其加入项目联盟的积极性，增加建筑企业参与联盟的积极性和热情，有利于 IPD 模式在我国 AEC 中的推广应用。

（3）基于收益共享契约理论，在委托—代理理论框架下，依据 Holmstrom-Milgrom 模型，建立了 IPD 项目参与者努力水平选择的博弈模型。结果发现，各参与方都付出最优努力水平能够优化 IPD 项目收益分配。同时，在收益激励合同中，参与者努力水平与收益分配正相关，与自身的贡献系数成正比，与自身创造性活动努力成本的平方成反比，这与实际情况是吻合的。参与者提高自身努力水平，能获得更多的收益，这为通过提高收益分配比例激励参与者提高努力水平并进而实现整个 IPD 项目的价值创造提供了可能。在满足各自自身效用最大化的情况下，IPD 项目中各成员均可以采用一系列措施提高自身努力水平，并根据收益分配比例来选择最优工作努力水平；反之，也可以根据各自的工作努力水平确定最优分配比例。

（4）进行了 IPD 项目风险因素识别，并用改进结构熵权法识别了 10 项关键共担风险。再采用 TFNs-TOPSIS 法和模糊贴近度的多目标分类方法确定了各参与方的风险分担比重。这样既发挥 TOPSIS 法的计算简便、原理直观的优点，又通过引入模糊集来解决决策者判断的主观性问题。该研究可以建立 IPD 各参与方风险分担制度，最佳地分配风险，管理风险，有助于项目整体利益最大化和项目的顺利开展，并获得最佳收益。

（5）在建立综合因素下 IPD 项目收益分配模型时，引入了谈判力，并用各参与方的贡献度、资源性投入、努力水平、风险分担作为衡量 IPD 项目中谈判力的影响因素。并用 PCA-LINMAP 耦合赋权法计算各参与方的谈判力。这种方法结合了 PCA 与 LINMAP 模型的特点，具有客观性、科学性和实用性。该研究提出了建设项目谈判力确定方法，内生地解释了谈判个体谈判力变化下收益分配的过程，并为建设项目参与方提升谈判力提供了途径，为项目合作的具体实施提供技术支撑和参考依据。

（6）运用多属性多人合作对策理论，构建基于谈判力的不对称 Nash 谈判模型。该模型考虑了各参与者的谈判力对收益分配的影响，增加了 IPD 项目收益分配方案的科学性和参与者的满意程度，提高了 IPD 联盟的稳定性和各参与方的工作积极性。该方法操作简便、实用性强，不仅适用于研究 IPD 项目的收益分配，也可以推广应用于虚拟企业、供应链管理等领域。

7.2 展望

由于 IPD 是一种新型项目交付模式，本书虽然对 IPD 项目的收益分配问题进行了研究，并获得了一些研究成果，但是存在着一定的局限性，在未来仍有一些相关问题值得进一步研究、完善与探讨。

（1）本书收益分配的主体限定在主要的三方，即业主方、设计方和施工方。一般其他参与方（如咨询方、供应商）与这三方签订了分合同。本书没有考虑这些分合同中的其他参与主体对核心三方决策的影响。收益分配是基于 IFOA 合同，也没有考虑如果项目参与者采用其他的 IPD 合同模式，如何建立相应的收益分配模型。这些复杂的问题还需要进一步的研究工作来解决。

（2）在 IPD 模式中，按照集成度从低到高，IPD 模式合同类型包括过渡型、多方型和 SPE 型三种。本书考虑的是 IFOA 合同，其属于多方型的合同。本书没有分类讨论不同的合同给项目的收益分配方式带来的影响，有必要对这些问题进行进一步的研究。同时，由于在我国尚无按照 IPD 模式合同类型实施的案例，因此，本书在案例分析选自 AIA 的《Integrated Project Delivery：Case Studies》。

（3）案例中的 BIM 技术仅仅用了 3D 方面的方法，这对整个项目的收益影响不大，故本书没有考虑 BIM 技术对 IPD 项目带来的边际效应的影响。另外，BIM 越来越成为 IPD 项目必用的工具，但是要在所有参与者之间全面深入地使用 BIM，仍然面临着法律和制度上的诸多障碍。比如，对 BIM 的知识产权保护问题，基于 BIM 的数据伦理，BIM 投资和收益分担机制的问题，基于 BIM 的合同管理等问题。IPD 模式在应用过程中的这些问题值得广大学者深入探讨。

附　　录

附录 A　本书所用到的计算程序

A1. 非线性有约束最优化问题求解

```
function g＝test(x)
M＝50000；
f＝x(1)/537.02 * ln(x(1)/537.02)＋x(2)/537.02 * ln(x(2)/537.02)＋x(3)/537.02
* ln(x(3)/537.02)
g＝f－M * min(x(1),0)－M * min(x(1)＋x(2)－168.53,0)－M * min(x(1)＋x(3)
－266.27,0)－M * min(x(2)＋x(3)－102.17,0)＋M * abs(x(1)＋x(2)＋x(3)－
537.02)；
end

[x,y,z]＝fminunc(@test,rand(3,1))
```

A2. FAHP 的 MATLAB 程序

```
clear；
clc；
E＝4
Max＝10
F＝[0.5 0.57；0.43 0.5]；
%计算模糊一致矩阵
N＝size(F)；
r＝sum(F′)；
for i＝1:N(1)
for j＝1:N(2)
```

```
R(i,j)=(r(i)-r(j))/(2*N(1))+0.5;
end
end
E=R./R';
%计算初始向量————————————————
% W=sum(R')./sum(sum(R));%和行归一法
%————————————————————————
for i=1:N(1)
S(i)=R(i,1);
    for j=2:N(2)
      S(i)=S(i)*R(i,j);
    end
end
S=S.^(1/N(1));
W=S./sum(S);%方根法
%————————————————————————
% a=imput('参数 a=0.1');
% W=sum(R')/(N(1)*a)-1/(2*a)+1/N(1);%排序法
% 利用幂法计算排序向量————————————
V(:,1)=W'/max(abs(W));%归一化
for i=1:Max
V(:,i+1)=E*V(:,i);
V(:,i+1)=V(:,i+1)/max(abs(V(:,i+1)));
if max(abs(V(:,i+1) - V(:,i))) < E
k=i;
A=V(:,i+1)./sum(V(:,i+1));
break
else
end
end
```

A3. PCA 计算程序

```
clc
clear all
A=[215.51 137.55 183.96
   86.97 56.31 76.64
   108.13 209.69 219.20
```

```
       202.37 164.38 170.27];
%% 数据标准化处理
a=size(A,1);
b=size(A,2);
for i=1:b
    SA(:,i)=(A(:,i) - mean(A(:,i)))/std(A(:,i))
end
%% 计算相关系数矩阵的特征值和特征向量
CM=corrcoef(SA);                              %计算相关系数矩阵
[V,D]=eig(CM);                                %计算特征值和特征向量

for j=1:b
    DS(j,1)=D(b+1-j,b+1-j);                   %对特征值按降序排列
end
for i=1:b
    DS(i,2)=DS(i,1)/sum(DS(:,1));             %贡献率
    DS(i,3)=sum(DS(1:i,1))/sum(DS(:,1));      %累计贡献率
end

%% 选择主成分及对应的特征向量
T=0.90;     %主成分保留率
for K=1:b
    if DS(K,3) >=T
        Com_num=K;
        break
    end
end
%% 提取主成分对应的特征向量
for j=1:Com_num
    PV(:,j)=V(:,b+1-j);
end
%% 计算各评价对象的主成分的分
new_score=SA*PV;
for i=1:a
    total_score(i,1)=sum(new_score(i,:));
    total_score(i,2)=i;
end
result_report=[new_score,total_score];     %将各主成分的分与总分放在同一个矩阵中
result_report=sortrows(result_report,-3);  %将总分降序排列
```

```
%% 输出模型及结果报告
disp('特征值及其贡献率、累计贡献率：')
DS
disp('信息保留率 T 对应的主成分与特征向量：')
Com_num
PV
disp('主成分的分及排序（按第三列的总分进行降序排列，前两列为各主成分得分，第四列为企业编号）')
result_report
```

A4. LINMAP 模型计算程序

```
f=[0 0 0 0 0 0 1 1 1 1 1 1];
A=[0.3267 −0.1173 0.1131 −0.3818 0.8378 −0.4766 −1.0000 0.0000 0.0000 0.0000 0.0000 0.0000
    0.4236 −1.0983 −0.7465 −3.2898 2.2394 1.1564 0.0000 −1.0000 0.0000 0.0000 0.0000 0.0000
    −0.1311 −1.7651 −1.8585 −3.9380 −2.5220 −3.5310 0.0000 0.0000 −1.0000 0.0000 0.0000 0.0000
    0.0968 −0.6810 −0.8595 −2.9080 1.4016 1.6330 0.0000 0.0000 0.0000 −1.0000 0.0000 0.0000
    −0.5547 −0.6668 −1.1121 −0.6482 −4.7614 −4.6874 0.0000 0.0000 0.0000 0.0000 −1.0000 0.0000
    −0.4579 −1.6478 −1.9716 −3.5562 −3.3598 −3.0544 0.0000 0.0000 0.0000 0.0000 0.0000 −1.0000];
    b=[0;0;0;0;0;0];
    Aeq = [0.4902 4.3145 4.7161 8.9060 8.9676 12.2260 0.0000 0.0000 3.0000 −1.0000 0.0000 0.0000];
    beq=[1];
    lb=[0 0 0 0 0 0 0 0 0 0 0 0];
    [x,fval]=linprog(f,A,b,Aeq,beq,lb,[])
```

附录 B　IPD 项目风险分担各级指标相对重要性调查问卷

尊敬的专家：

您好！非常感谢您在百忙之中抽出时间参与我们的调研。

我是一名科研工作者，正在进行 IPD 模式下工程项目风险分析的相关研究。IPD 模式即综合项目交付模式（Integrated Project Delivery），是一种将系统、实践、人员、业务结构整合到一起的工程交易模式。IPD 模式以信任为核心，运用集成化的思想，通过参与团队的精诚合作和打通信息壁垒无障碍沟通，最大限度地实现项目的整体利益。

本轮问卷调查主要内容是对影响 IPD 模式下工程建设项目存在的共担风险进行比较，厘清内在联系，为后续的研究提供基础数据。您的选择将是重要的参考依据。

您的参与将对本研究有巨大的帮助。我们承诺本次调查资料内容只用作学术研究，不会对外公开，您的信息会被严格保密，请放心作答。

感谢您对我们工作所给予的支持与帮助！

敬祝
身体健康！工作顺利！

第一部分

一、受访者基本信息

1. 您所从事的工作领域（　　）。

A. 政府单位　　　　　　　B. 建设单位　　　　　　C. 设计单位

D. 施工单位　　　　　　　E. 咨询单位　　　　　　F. 科研机构

G. 供应商　　　　　　　　H. 其他

2. 您所在的工作岗位是（　　）。

3. 您从事建筑行业或相关领域工作年限是（　　）。

A. 1～5 年　　　　　　　　B. 5～10 年　　　　　　C. 11～15 年

D. 16～20 年　　　　　　　E. 20 年以上

4. 您的工作职务是（　　）。

A. 高级工程师　　　　　　B. 工程师　　　　　　　C. 助理工程师

D. 教授　　　　　　　　　E. 副教授　　　　　　　F. 其他

二、风险指标体系具体说明

IPD 模式下的合同形式多采用综合协议形式 IFOA，它是一种"关系"合同，创建一个风险共担系统，目标是降低整体项目风险，而不是将其转移给其他参与方。这是一种对所有参与者"人人为我，我为人人"的平等协议。风险应急基金由项目参与方共同管理，而非业主自行独自决定使用。

共同分担风险机制不仅可以使得各参与方相互信任，相互监督，也使得各参与方不能像传统交付方式将风险转移给其他参与方，互相推诿风险。这有利于各参与方排除杂念，更好地去实现项目目标。共同分担风险机制下，收益/风险共享，全部或者部分的利润是在存在风险条件下，费用超支或者最终补偿，或者分摊成本≤目标成本[251]。这种机制下降低风险是通过组织和操作流程，而不是通过隐藏在商业合同中的条款。对 IPD 这种精益项目交付方式的研究表明，适当地运用精益思想，可以让与成本、质量、工期和安全问题等有关的风险显著减少甚至消失（Lichtig，2010）[252]。

我们经过一系列研究，先建立了 IPD 模式下的风险集，并识别出了如表 B-1 所示的 IPD 模式下共担风险因素集。

IPD 模式下共担风险因素集　　　　　　　　　　　　　　　　　表 B-1

一级指标	二级指标
宏观层 U_1	地质和气候条件风险 U_{11} 行业法律法规变动风险 U_{12} 政府政策变化风险 U_{13} 项目需求水平变化风险 U_{14} 公众对待项目态度风险 U_{15} 通货膨胀风险 U_{16}
中观层 U_2	项目规划风险 U_{21} 合作伙伴选择的风险 U_{22} 设计缺陷风险 U_{23} 施工进度风险 U_{24} 成本超支风险 U_{25} 项目质量风险 U_{26} 资源供应风险 U_{27} 技术实现风险 U_{28}
微观层 U_3	合作关系风险 U_{31} 第三方风险 U_{32}

第二部分

问卷填写说明：

下面为两个层级进行两两比较，请您根据 IPD 项目的实际情况及您个人经验，对各个指标进行重要性排序。例如：指标 1、指标 2、指标 3 进行比较，若认为三者重要性排序为指标 1＞指标 3＞指标 2，则在指标 1 下标明"1"，指标 3 下标明"2"，指标 2 下标明"3"。

请您对表 B-2～B-5 进行打分。

一级指标相对重要性排序打分表　　　　　　　　　　　　　　　　表 B-2

一级指标	宏观层	中观层	微观层
专家 1			
专家 2			
专家 3			
……			

二级指标宏观层相对重要性排序打分表　　　　　　　　　　　　　表 B-3

宏观层	U_{11}	U_{12}	U_{13}	U_{14}	U_{15}	U_{16}
专家 1						
专家 2						
专家 3						
……						

二级指标中观层相对重要性排序打分表　　　　　　　　　　　　　　表 B-4

中观层	U_{21}	U_{22}	U_{23}	U_{24}	U_{25}	U_{26}	U_{27}	U_{28}
专家 1								
专家 2								
专家 3								
……								

二级指标微观层相对重要性排序打分表　　　　　　　　　　　　　　表 B-5

微观层	U_{31}	U_{32}
专家 1		
专家 2		
专家 3		
……		

附录 C　IPD 项目风险分担评价指标权重调查问卷

尊敬的专家：

您好！非常感谢您在百忙之中抽出时间参与我们的调研。

我是一名科研工作者，正在进行 IPD 模式下工程项目风险分析的相关研究。IPD（Integrated Project Delivery）模式即综合项目交付模式，是一种将系统、实践、人员、业务结构整合到一起的工程交易模式。IPD 模式以信任为核心，运用集成化的思想，通过参与团队的精诚合作和打通信息壁垒无障碍沟通，最大限度地实现项目的整体利益。

IPD 项目采用的收益/风险共享的契约，为了进一步研究 IPD 项目的风险分担问题，更好地确定收益分配的方法。本轮问卷调查主要内容为 IPD 项目风险分担评价指标权重。采取专家打分的方法来对影响 IPD 模式下工程建设项目存在的风险分担因素进行比较，厘清内在联系。根据前期研究，确定了如下五条风险分担的原则。

（1）共担风险的原则

IPD 模式下工程项目各个参与方的风险分担即为共同承担项目风险发生所造成的损失，将风险管理整体最优化为目标，划分各方应管理的风险。

（2）风险偏好原则

项目的一项风险应该由对该风险偏好系数最大的参与方承担。风险偏好系数越大，说明该参与方越适合承担该风险，越愿意承担较高的风险而获得较大的回报，这样可以达到项目整体满意度最大。

（3）风险与收益对等

这一原则以"责利对等"为宗旨，由在风险控制活动中获利最大的一方来承担最大的风险。IPD 模式一个基本原则为"共享收益，共担风险"，即所担风险越多，所得收益也应越多，项目的各参与方在项目中的收益和风险应该成正比。因此，当参与方承担较大的风险时，应该获得较大的收益。

（4）风险与控制力对等

风险与控制力对等原则，是指将风险分配给对风险最有控制力并能够以较低的成本控制该风险，或是能够更好地预见该风险并进行有效的风险管理的一方。这主要表现在参与方的财务能力、管理能力、技术能力以及突发事件的处理能力等方面。另外，由于风险在自己控制范围内，风险承担者也能更积极、主动、有效地进行风险管理事宜。同时，最有控制力意味着风险控制的成本最低。

IPD项目的"核心参与方"包括业主方、设计方和施工方，三方签订主要合同。根据以上风险分担的原则，对上述三个核心参与方风险的承担情况进行打分，对本研究所提出的风险分担的方法进行验证。

您的选择将是重要的研究参考依据。您的参与将对本研究有巨大的帮助。我们承诺本次调查资料内容只用作学术研究，不会对外公开，您的信息会被严格保密，请放心作答。

感谢您对我们工作所给予的支持与帮助！

敬祝

身体健康！工作顺利！

第一部分

一、受访者基本信息

1. 您所从事的工作领域（　　　）。

A. 政府单位　　　　　B. 建设单位　　　　　C. 设计单位

D. 施工单位　　　　　E. 咨询单位　　　　　F. 科研机构

G. 供应商　　　　　　H. 其他

2. 您所在的工作岗位是（　　　）。

3. 您从事建筑行业或相关领域工作年限是（　　　）。

A. 1～5 年　　　　　　B. 5～10 年　　　　　C. 11～15 年

D. 16～20 年　　　　　E. 20 年以上

4. 您的工作职务是（　　　）。

A. 高级工程师　　　　B. 工程师　　　　　　C. 助理工程师

D. 教授　　　　　　　E. 副教授　　　　　　F. 其他

二、风险分担评价指标体系具体说明

IPD项目风险分担指标体系　　　　　　　　　　　　表 C-1

目标层	一级指标	二级指标	指标说明
风险分担比例	风险承担意愿 F_1	风险偏好 F_{11}	心理上行为主体对待风险的态度
		风险期望收益 F_{12}	通过承担风险所获得的补偿
	风险管理能力 F_2	风险预测能力 F_{21}	对风险可能发生的概率的分析能力
		风险评估 F_{22}	对风险进行详细的分析，探讨各项风险会导致的损失以及发生的概率，并最终对这些风险形成一个综合的评价
		风险发生控制能力 F_{23}	当风险发生时，参与者给予自身的资源和条件，减少风险损失，从而对项目影响较小的能力
	风险承担能力 F_3	发生后果处置能力 F_{31}	承担风险发生后产生的一切后果的能力
		应急资金 F_{32}	预备用来处理风险的准备金

第二部分

一、问卷填写说明

下面为五个风险层级进行两两比较，请根据 IPD 项目的实际情况及您个人经验，运用 0.1～0.9 标度法进行打分。例如：指标 1 与指标 2 进行比较，若指标 1 比指标 2 明显重要，按照表 C-2，则在打分表的第一行第二列处填入"0.7"，第二行第一列处为指标 1 与指标 2 的反比较，应填入"0.3"。以此类推。

0.1～0.9 标度法说明　　　　　　　　　　　　　　　　　　表 C-2

标度	重要程度	重要程度说明
0.5	同等重要	元素 i 比元素 j 同等重要
0.6	稍微重要	元素 i 比元素 j 稍微重要
0.7	比较重要	元素 i 比元素 j 明显重要
0.8	很重要	元素 i 比元素 j 重要得多
0.9	绝对重要	元素 i 比元素 j 极端重要
0.1、0.2、0.3、0.4	反比较	元素 i 比元素 j 反比较的结果，即若元素 i 比元素 j 相比较的结果 a_{ij}，则元素 j 比元素 i 的结果为 $a_{ji} = 1 - a_{ij}$

二、打分

请您对以下风险分担评价指标相对重要性进行打分，将您的打分填入表 C-3～表 C-6。

风险分担一级评价指标相对重要性打分表　　　　　　　　表 C-3

一级指标	风险承担意愿	风险管理能力	风险承担能力
风险承担意愿	0.5		
风险管理能力		0.5	
风险承担能力			0.5

风险承担意愿 F$_1$ 评价指标相对重要性打分表　　　　　表 C-4

风险承担意愿 F$_1$	风险偏好	风险期望收益
风险偏好	0.5	
风险期望收益		0.5

风险管理能力 F$_2$ 评价指标相对重要性打分表　　　　　表 C-5

风险管理能力 F$_2$	风险预测能力	风险评估	风险发生控制能力
风险预测能力	0.5		
风险评估		0.5	
风险发生控制能力			0.5

风险承担能力 F$_3$ 评价指标相对重要性打分表　　　　　表 C-6

风险承担能力 F$_3$	风险偏好	风险期望收益
发生后果处置能力	0.5	
应急资金		0.5

三、您对本调查问卷的意见与建议

附录 D　IPD 项目各参与方风险分担能力评价调查问卷

尊敬的专家：

您好！非常感谢您在百忙之中抽出时间参与我们的调研。

我是一名科研工作者，正在进行 IPD 模式下工程项目风险分析的相关研究。IPD 模式即项目集成交付模式（Integrated Project Delivery），是一种将系统、实践、人员、业务结构整合到一起的工程交易模式。IPD 模式以信任为核心，运用集成化的思想，通过参与团队的精诚合作和打通信息壁垒无障碍沟通，最大限度地实现项目的整体利益。

本轮问卷调查主要内容为 IPD 模式各参与方风险分担能力评价。根据前期研究，确定了如下五条风险分担的原则。

（1）共担风险的原则

IPD 模式下工程项目各个参与方的风险分担即为共同承担项目风险发生所造成的损失，将风险管理整体最优化为目标，划分各方应管理的风险。

（2）风险偏好原则

项目的一项风险应该由对该风险偏好系数最大的参与方承担。风险偏好系数越大，说明该参与方越适合承担该风险，越愿意承担较高的风险而获得较大的回报，这样可以达到项目整体满意度最大。

（3）风险与收益对等

这一原则以"责利对等"为宗旨，由在风险控制活动中获利最大的一方来承担最大的风险。IPD 模式一个基本原则为"共享收益，共担风险"，即所担风险越多，所得收益也应越多，项目的各参与方在项目中的收益和风险应该成正比。因此，当参与方承担较大的风险时，应该获得较大的收益。

（4）风险与控制力对等

风险与控制力对等原则，是指将风险分配给对风险最有控制力并能够以较低的成本控制该风险，或是能够更好地预见该风险并进行有效的风险管理的一方。这主要表现在参与方的财务能力、管理能力、技术能力以及突发事件的处理能力等方面。另外，由于风险在自己控制范围内，风险承担者也能更积极、主动、有效地进行风险管理事宜。同时，最有控制力意味着风险控制的成本最低。

IPD 项目采用的收益/风险共享的契约，为了进一步研究 IPD 项目的风险分担问题，更好地确定收益分配的方法。现对 IPD 模式下工程建设项目的三个主要参与方：业主方，设计方，施工方对风险的承担情况进行打分，对本书所提出的风险分担的方法进行验证。您的选择将是我重要的研究依据。

您的参与将对本研究有巨大的帮助。我们承诺本次调查资料内容只用作学术研究，不会对外公开，您的信息会被严格保密，请放心作答。

感谢您对我们工作所给予的支持与帮助。

敬祝

身体健康！工作顺利！

第一部分

一、受访者基本信息

1. 您所从事的工作领域（　　　）。

A. 政府单位　　　　　B. 建设单位　　　　　C. 设计单位

D. 施工单位　　　　　E. 咨询单位　　　　　F. 科研机构

G. 供应商　　　　　　H. 其他

2. 您所在的工作岗位是（　　　）。

3. 您从事建筑行业或相关领域工作年限是（　　　）。

A. 1～5 年　　　　　 B. 5～10 年　　　　　C. 11～15 年

D. 16～20 年　　　　 E. 20 年以上

4. 您的工作职务是（　　　）。

A. 高级工程师　　　　B. 工程师　　　　　　C. 助理工程师

D. 教授　　　　　　　E. 副教授　　　　　　F. 其他

二、参与打分的风险的含义的解释说明

IPD 风险因素解释说明　　　　　　　　　　　　　　　　　　表 D-1

序号	风险因素	解释说明
1	合作关系风险	包括参与者之间的信任风险、组织和协同风险、权责划分风险、实施 IPD 经验不足、道德风险、合作伙伴之间的工作方法和专业知识的差异导致的沟通风险等
2	成本超支风险	材料与劳动力成本发生较大的涨幅、技术工艺成本过高等情况的发生均有可能引起 IPD 项目成本增加
3	政府政策变化风险	在项目实施过程中可能涉及税收政策或者其他政府与项目有关的政策可能发生变化
4	项目需求水平变化风险	市场对项目的需求发生变化的风险
5	第三方风险	包括第三方侵权责任和员工危机
6	地质和气候条件风险	无法探明的地下地质条件和发生不常见的气候条件的风险
7	项目规划风险	对项目整体工程状况和项目性质进行确定,包括项目的规模、工期、项目发展目标及项目经济性能
8	行业法律法规变动风险	行业法律法规变动能会对项目产生积极或消极的影响
9	设计缺陷风险	主要是项目设计脱离实际需求、设计方案存在错误、各专业设计方设计方案相互冲突等造成的设计变更及设计的工程过于超前或复杂,不利于施工等造成的风险
10	公众对待项目态度风险	项目的建设将会对建设地的居民产生一定的影响,建设地的文化、习俗、价值观深刻影响着居民对项目的态度

IPD 项目风险分担指标体系 表 D-2

目标层	一级指标	二级指标	指标说明
风险分担比例	风险承担意愿 F_1	风险偏好 F_{11}	心理上行为主体对待风险的态度
		风险期望收益 F_{12}	通过承担风险所获得的补偿
	风险管理能力 F_2	风险预测能力 F_{21}	对风险可能发生的概率的分析能力
		风险评估 F_{22}	对风险进行详细的分析，探讨各项风险会导致的损失以及发生的概率，并最终对这些风险形成一个综合的评价
		风险发生控制能力 F_{23}	当风险发生时，参与者给予自身的资源和条件，减少风险损失，从而对项目影响较小的能力
	风险承担能力 F_3	发生后果处置能力 F_{31}	承担风险发生后产生的一切后果的能力
		应急资金 F_{32}	预备用来处理风险的准备金

第二部分

一、问卷填写说明

问卷说明采用赋值法。按照 IPD 项目中各参与方控制该风险能力的大小，分为五个等级：弱、较弱、一般、较强、非常强。分别赋值为：1，2，3，4，5。请各位专家据此赋分。

二、打分

对风险因素的参与方风险分担的评价表，请各位专家将其赋分填入表 D-3。

IPD 项目各参与方对风险因素的分担评价表 表 D-3

序号	风险因素	风险分担者	风险偏好 F_{11}	风险期望收益 F_{12}	风险预测能力 F_{21}	风险评估 F_{22}	风险发生控制能力 F_{23}	发生后果处置能力 F_{31}	应急资金 F_{32}
1	合作关系风险	业主							
		设计方							
		施工方							
2	成本超支风险	业主							
		设计方							
		施工方							
3	政府政策变化风险	业主							
		设计方							
		施工方							
4	项目需求水平变化	业主							
		设计方							
		施工方							
5	第三方风险	业主							
		设计方							
		施工方							

续表

序号	风险因素	风险分担者	风险指标						
			风险偏好 F_{11}	风险期望收益 F_{12}	风险预测能力 F_{21}	风险评估 F_{22}	风险发生控制能力 F_{23}	发生后果处置能力 F_{31}	应急资金 F_{32}
6	地质和气候条件风险	业主							
		设计方							
		施工方							
7	项目规划风险	业主							
		设计方							
		施工方							
8	行业法律法规变动风险	业主							
		设计方							
		施工方							
9	设计缺陷风险	业主							
		设计方							
		施工方							
10	公众对待项目态度风险	业主							
		设计方							
		施工方							

三、您对本调查问卷的意见与建议

参考文献

[1] Ernst，Young. Spotlight on Oil and Gas Megaprojects. EYGM Limited，EYG No. DW0426. 2014.

[2] The American Institute of Architects. Integrated Project Delivery：A Guide [R]. California Council，AIA，Washington，DC，2007.

[3] EI Asmar M，Hanna A S，Loh W Y. Quantifying performance for the integrated project delivery system as compared to established delivery systems [J]. Journal of Construction Engineering and Management，2013，139 (11)：04013012.

[4] Kent，D C，Becerik-Gerber，B. Understanding construction industry experience and attitudes toward integrated project delivery [J]. Journal of Construction Engineering and Management，2010，136 (8)：815-825.

[5] 国家统计局. 国家统计局关于 2020 年国内生产总值最终核实的公告. 2021.

[6] 牛余琴，张凤林. EPC 总承包项目动态联盟利益分配方法研究 [J]. 工程建设与设计，2013 (12)：4.

[7] 王选飞，吴应良，黄媛. 基于合作博弈的移动支付商业模式动态联盟企业利益分配研究 [J]. 运筹与管理，2017，26 (7)：29-38.

[8] 王现兵. 基于 TOPSIS 法的我国中小物流企业联盟利益分配问题研究 [D]. 福州：福建师范大学，2017.

[9] 冯燕飞. 基于 IPD 模式的建设项目全生命周期动态利益分配研究 [D]. 南昌：南昌航空大学，2018.

[10] 徐勇戈，王若曦. IPD 模式下努力因素对利益分配机制的影响 [J]. 西安建筑科技大学学报（自然科学版），2018 (4)：602-608.

[11] 张洪波. 联合体 EPC 工程总承包项目收益分配方法研究 [J]. 建筑技术，2019 (6).

[12] 王茹，袁正惠. 考虑各方满意度的工程总分包商合作收益动态分配研究 [J]. 工程管理学报，2019，33 (2)：13-18.

[13] 孙鹏，张冰玉. 平台商业模式下基于 Shapley 值修正的中小物流企业联盟利益分配研究 [J]. 商业研究，2019，26 (5)：123-128.

[14] 麻秀范，余思雨，朱思嘉，王戈. 基于多因素改进 Shapley 的虚拟电厂利润分配 [J]. 电工技术学报，2020，35 (S02)：585-595.

[15] 刘枬，崔红梅，肖青. 基于合作博弈的 BIM-IPD 项目参与方利益分配研究 [J]. 工程管理学报，2021，35 (2)：114-119.

[16] 吴秋霖. 基于纳什谈判模型的 PPP 项目收益分配研究 [D]. 青岛：青岛理工大学，2018.

[17] 徐健. IPD 模式下 PPP 项目利益相关者收益分配研究 [D]. 西安：长安大学，2019.

[18] 刘伟华，侯福均. 基于修正 Shapley 值的高速公路 PPP 项目收益分配模型 [J]. 项目管理技术，2016，14 (12)，7-12.

[19] 何天翔，张云宁，施陆燕，等. 基于利益相关者满意的 PPP 项目利益相关者分配研究 [J]. 土木工程与管理学报，2015 (3)：66-71.

[20] Meade L M，Lilesa D H. Justifying strategic alliances and partnering：a prerequisite for virtual enterprising [J]. Omega，1997，25 (1)：29-42.

[21] Petrosjan L，Zaccour G. Time consistent Shapley value allocation of pollution cost reduction [J]. Journal of Economic Dynamics and Control，2003，27 (3)：381-398.

［22］ 蒋玉飞，宋永发．建筑供应链利益分配模型探讨［J］．建筑管理现代化，2009，23（5）：382-385.

［23］ 胡丽，张卫国，叶晓甦．基于 SHAPELY 修正的 PPP 项目利益分配模型研究［J］．管理工程学报，2011，25（2）：149-154.

［24］ 吕萍，张云，慕芬芳．总承包商和分包商供应链利益分配研究——基于改进的 Shapley 值法［J］．运筹与管理，2012（6）：211-216.

［25］ Tan S，Ye C，Ren R，et al. The model based on modified Shapley in Partnering mode of profit distribution［C］//2013 Conference on Education Technology and Management Science（ICETMS 2013），Atlantis Press，2013.

［26］ 刘国荣．基于多权重 Shapley 值法电子商务企业与快递企业动态联盟收益分配研究［D］．吉林：吉林大学，2015.

［27］ Shannon C. A Mathematical Theory Communication［J］．Bell System Technical Journal，1948，27.

［28］ 倪中新．n 人合作对策的 shapley 值与最大熵法［J］．上海师范大学学报：自然科学版，1998（2）：6.

［29］ 吴黎军，项海燕．基于信息熵的 n 人合作博弈效益分配模型［J］．数学建模及其应用，2013（2）：50-54.

［30］ 张岩，魏晓燕，申辽，周峻松，朱大明．云南省 9 种优先保护物种适生区评价［J］．测绘通报，2021（11）：131-135.

［31］ Evans B P，Prokopenko M. A maximum entropy model of bounded rational decision-making with prior beliefs and market feedback［J］．Entropy，2021，23（6）：669.

［32］ 马超，李中林，吴道庆，等．基于改进最大熵谱估计的弹道目标超分辨成像［J］．现代雷达，2021，43（9）：46-53.

［33］ 王祎琛，毛俊俨，陈星京，等．应用最大熵模型预测黄连木在中国的潜在分布［J］．东北林业大学学报，2021，49（7）：61-65.

［34］ 李明柱，陈亚南．BIM＋IPD 模式下基于修正 Shapley 值法的收益分配模型研究［J］．吉林建筑大学学报，2019，36（5）：64-70.

［35］ 刘强，程子珍．IPD 模式下的建设项目动态联盟利益分配研究［J］．价值工程，2020，557（9）：58-61.

［36］ 王德东，李凯丽，徐友全．基于 IPD 模式的项目参与方利益分配研究［J］．项目管理技术，2016，14（10）：44-49.

［37］ Driessen T. Cooperative games，Solutions and Applications［M］．Netherlands：Kluwer Academic Publishers，1988.

［38］ Mares M. Fuzzy Cooperative games：Co-operative with Vague Expectation［M］．Heidelberg：Physica-Verlag，2001.

［39］ Branzei R，Dimitrov D，Tijs S，et al. Models in cooperative game theory［M］．Berlin：Springer，2008.

［40］ 李登峰．直觉模糊集决策与对策分析方法［M］．北京：国防工业出版社，2012.

［41］ Li D F. Decision and Game Theory in Management with Intuitionistic Fuzzy Sets［M］．Berlin，Heidelberg：Springer Berlin，Heidelberg，2014.

［42］ Yang W，Liu X. Aubin cores and bargaining sets for convex cooperative fuzzy games［J］．International Journal of Game Theory，2011，40（3）：467-479.

［43］ Aubin J P. Cooperative fuzzy games［J］．Mathematical Operation Research，1981，6：1-13.

［44］ Tsurumi M，Tanino T，Inuiguchi M. A shapley function on a class of cooperative fuzzy games［J］.

European Journal of Operational Research，2001，129（3），596-618.

［45］ Jia N X，Yokoyama R. Profit Allocation of Independent Power Producers Based on Cooperative Game Theory［J］. Electrical Power and Energy Systems，2003，25：633--641.4.

［46］ Christof von，Branconi C V，Loch C H. Contracting for major projects：eight business levers for top management［J］. International Journal of Project Management，2004，22（2）：119-130.

［47］ Alparslan Gök S Z，Miquel S，Tijs S. Cooperation under interval uncertainty［J］. Math. Methods Oper. Res，2009，69：99-109.

［48］ Ye Y，Li D，Yu G. A joint replenishment model with demands represented by triangular fuzzy numbers and its cost allocation method［J］. Journal of Systems Science and Complexity，2019，39：1142-1158.

［49］ Abraham S，Punniyamoorthy M. A fuzzy approach using asymmetrical triangular distribution in a two-person zero-sum game for a multi-criteria decision-making problem［J］. Quantum Machine Intelligence，2021，3（1）.

［50］ 冯蔚东，陈剑. 虚拟企业中伙伴收益分配比例的确定［J］. 系统工程理论与实践，2002（4）：45-49，90.

［51］ 陈雯，张强. 基于模糊联盟合作博弈的企业联盟收益分配策略［J］. 北京理工大学学报，2007（08）：735-739.

［52］ 彭晓，郑云. 论建筑供应链利益分配制度——以三角模糊法为例［J］. 管理观察，2014，（13）：71-74.

［53］ 苏东风，杨洁. 支付模糊图合作博弈分配模型及其应用［J］. 福州大学学报：自然科学版，2018，（4）：458-465.

［54］ Su S. Research on triangular fuzzy number type entrepreneurial team many persons income distribution cooperation game based on satisfactory degree［J］. Mathematics in practice and theory，2020，50（1）：1-8.

［55］ Cachon Gérard P，Lariviere M A. Supply Chain Coordination with Revenue-Sharing Contracts：Strengths and Limitations［J］. Management Science，2005，51（1）：30-44.

［56］ Omkar Palsule-Desai D. Supply chain coordination using revenue-dependent revenue sharing contracts［J］. Omega，2013，41（4）：780-796.

［57］ Cao J，Zhang X，Zhou G. Supply chain coordination with revenue - sharing contracts considering carbon emissions and governmental policy making［J］. Environmental Progress & Sustainable Energy，2016，35（2）：479-488.

［58］ Hendalianpour A，Hamzehlou M，Feylizadeh M R，et al. Coordination and competition in two-echelon supply chain using grey revenue-sharing contracts［J］. Grey Systems Theory and Application，2020，ahead-of-print（ahead-of-print）.

［59］ 陈菊红，汪应洛，孙林岩. 虚拟企业收益分配问题博弈研究［J］. 运筹与管理，2002，11（1）.

［60］ 王安宇. 合作研发组织模式选择与治理机制研究［D］. 上海：复旦大学，2003.

［61］ 叶飞. 基于合作对策的供应链协作利益分配方法研究［J］. 计算机集成制造系统，2004，10（12）：1523-1529.

［62］ 卢纪华，潘德惠. 基于技术开发项目的虚拟企业利益分配机制研究［J］. 中国管理科学，2003，11（5）：60-63.

［63］ 胡本勇，王性玉. 考虑努力因素的供应链收益共享演化契约［J］. 管理工程学报，2010，24（2）：135-138.

［64］ 廖成林，凡志均，谭爱民. 虚拟企业的二次收益分配机制研究［J］. 科技管理研究，2005，25

（4）：138-140.

［65］ 何勇，杨德礼，吴清烈 . 基于努力因素的供应链利益共享契约模型研究［J］. 计算机集成制造系统，2006（11）：1865-1868.

［66］ 管百海，胡培 . 联合体工程总承包商的收益分配机制［J］. 系统工程，2008，（11）：98-102.

［67］ 刘雷，李南 . 建设项目动态联盟收益分配改进研究［J］. 土木工程学报，2009，42（1）：135-139.

［68］ 张云，吕萍，宋吟秋 . 总承包工程建设供应链利润分配模型研究［J］. 中国管理科学，2011，19（4）：98-104.

［69］ Lin L，Wang H. Dynamic incentive model of knowledge sharing in construction project team based on differential game［J］. Journal of the Operational Research Society，2019，1-12.

［70］ Jian J，Zhang Y，Jiang L，Su J. Coordination of Supply Chains with Competing Manufacturers considering Fairness Concerns［J］. Complex，2020，4372603.

［71］ Shu Y，Dai Y，Ma Z. Pricing decisions in closed-loop supply chains with multiple fairness-concerned collectors［J］. IEEE Access，2020，（99），1-1.

［72］ Jiang Xi，Zhou Jinsheng. The Impact of Rebate Distribution on Fairness Concerns in Supply Chains［J］. Mathematics，2021，9（7）：778-782.

［73］ 颜磊 . BIM 项目业主与设计方公平关切利益分配研究［J］. 水利技术监督，2019，0（4）：155-158.

［74］ 范如国，杨洲 . PPP 项目中地位不对等主体努力水平及效用的博弈研究［J］. 财政研究，2018，423（5）：27-36.

［75］ Anderson S. Risk Identification and Assessment［M］. PMI Virtual Library. 2009.

［76］ Becerik-Gerber，B，Kent. D C. Implementation of Integrated Project Delivery and Building Information Modeling on a Small Commercial Project［R］. Massachusetts：Wentworth institute of Technology Boston，2010.

［77］ Love P E D，Davis P R，Chevis R，et al. Risk/reward compensation model for civil engineering infrastructure alliance projects［J］. Journal of Construction Engineering & Management，2011，137（2）：127-136.

［78］ Tohidi H. The Role of Risk Management in IT systems of organizations［J］. Procedia Computer Science，2011，3：881-887.

［79］ Fish A J，Keen J. Integrated project delivery：the obstacles of implementation［J］. Ashrae Transactions，2012，118（PT. 1）：90-97.

［80］ CII（Construction Industry Institute）IR181-2. Integrated project risk assessment［R］. University of Texas，Austin，TX，2013.

［81］ Zhang L，Fei L. Risk/reward compensation model for integrated project delivery［J］. Engineering Economics，2014，25（5）．

［82］ Valipour A，Yahaya N，Noor N Md. Hybrid SWARA-COPRAS method for risk assessment in deep foundation excavation project：an Iranian case study［J］. Journal of Civil Engineering and Management，2017，23（4）：524-532.

［83］ Nezamo Dd Ini N，Gholami A，Aqlan F. A risk-based optimization framework for integrated supply chains using genetic algorithm and artificial neural networks［J］. International Journal of Production Economics，2020，225.

［84］ Monirabbasi A，RamezaniKhansari A，Majidi L. Simulation of Delay Factors in Sewage Projects with the Dynamic System Approach［J］. Industrial Engineering and Strategic Management，2021，

1 (1): 15-30.

[85] 张水波，何伯森．工程项目合同双方风险分担问题的探讨 [J]．天津大学学报，2003，5 (3): 258.

[86] 林媛，李南．PPP 项目的风险分担模型研究 [J]．项目管理技术，2011，9 (1): 23-27.

[87] 张秋菊．基础设施项目 PPP 模式的风险分担研究 [D]．重庆：重庆大学，2011.

[88] 王舒．基础设施 PPP 项目融资风险分担研究 [D]．重庆：重庆交通大学，2012.

[89] 郭生南．基于博弈论的 IPD 模式工程项目风险分担机制研究 [D]．南昌：江西理工大学，2014.

[90] 吕鹏．建设工程项目 IPD 模式风险分担管理研究 [D]．西安：西安建筑科技大学，2014.

[91] 程镜霓．基于 IPD 模式的工程项目风险分担研究 [D]．成都：西南石油大学，2014.

[92] 支建东，张云宁，张雪娇．IPD 交付模式下项目风险分担多边谈判机制 [J]．武汉理工大学学报（信息与管理工程版），2015，37 (5): 488-492, 515.

[93] 牛建刚，郝之鹏，张垚．基于粗糙集理论的 IPD 模式项目风险分担研究 [J]．工程经济，2017，27 (8): 31-35.

[94] 赵辉，邱玮婷，屈微璐，等．IPD 模式下的工程项目造价风险评价 [J]．工业技术经济，2017，12, 83-89.

[95] 王首绪，吕思汝，毛红日．基于 IPD 模式项目参与方承担风险比例合理性的研究 [J]．工程管理学报，2018，32 (6): 107-112.

[96] 陈侃，宋雅璇．市政道路改造工程风险管理研究——以 GZ 三康庙道路改造工程为例 [J]．四川水泥，2019，278 (10): 41-41.

[97] 荀晓霖，袁永博．基于 IFQFD 的海底隧道施工风险因素排序 [J]．土木工程与管理学报，2020，37 (6): 7-11.

[98] 陈伟，张永超，马一博，等．基于 AHP-GEM-Shapley 值法的低碳技术创新联盟利益分配研究 [J]．运筹与管理，2012，21 (4): 220-226.

[99] Teng Y, Li X, Wu P, Wang X. Using Cooperative game theory to determine profit distribution in IPD projects [J]. International Journal of Construction Management. 2017, 19 (1): 1-14.

[100] 李文华．基于 Shapley—理想点原理的 PPP 项目利益分配模型分析 [D]．西安：西安建筑科技大学，2017.

[101] 魏帅，黄光球，聂兴信．多因素影响贡献度视角下矿产资源开发利益分配研究 [J]．煤炭工程，2019，51 (1): 157-161.

[102] Eissa R, M S Eid, E Elbeltagi. Conceptual profit allocation framework for construction joint ventures: Shapley value approach [J]. Journal of Management in Engineering, 2021, 37 (3): 04021016.

[103] Borkotokey S, Neog R. Role of satisfaction in resource accumulation and profit allocation: A fuzzy game theoretic model [J]. IEEE, 2013.

[104] 孙东川，叶飞．动态联盟利益分配的谈判模型研究 [J]．科研管理，2001，22 (2): 91-95.

[105] 吴朗．产出分享模式下动态物流联盟利益分配方法 [J]．系统工程，2009，27 (5): 25-29.

[106] 刘淑婷．虚拟物流企业联盟的构建研究 [J]．经营管理者，2013，(12): 108-109.

[107] 王茹，王柳舒．BIM 技术下 IPD 项目团队激励池分配研究 [J]．科技管理研究，2017，37 (13): 196-204.

[108] 李壮阔，张亮．合作博弈的粒子群算法求解 [J]．运筹与管理，2018，27 (6): 31-36.

[109] 王茹，袁正惠．考虑各方满意度的工程总分包商合作收益动态分配研究 [J]．工程管理学报，2019，33 (2): 13-18.

[110] 张智．IPD 模式下的风险分担补偿机制研究 [D]．重庆：重庆大学，2015.

[111] 武敏霞. 基于 NASH 谈判模型的 PPP 项目收益分配研究 [J]. 工程经济，2016（8）：78-80.

[112] 王丹. 基于 BIM 技术的项目参与方合作博弈利益分配研究 [D]. 郑州：华北水利水电大学，2017.

[113] 葛秋萍，汪明月. 基于不对称 Nash 谈判修正的产学研协同创新战略联盟收益分配研究 [J]. 管理工程学报，2018，32（1）：79-83.

[114] 李腾. 基于不对称 Nash 谈判模型的 PPP 项目动态收益分配研究 [D]. 郑州：郑州大学，2020.

[115] 黄聪乐. HG 项目的改进 SHAPLEY 值法收益分配研究 [D]. 北京：北京交通大学，2014.

[116] 周文中，袁永博，郎坤. 基于直觉三角模糊数的建筑施工绿色风险排序模型 [J]. 工程管理学报，2012，（4）：22-26.

[117] 高新勤，原欣，朱斌斌，等. 基于合作博弈的制造联盟利益分配方法 [J]. 计算机集成制造系统，2018，24（10）：203-211.

[118] Bajaj D，Oluwoye J，Lenard D. An analysis of contractors' approaches to risk identification in New South Wales，Australia [J]. Construction Management & Economics，1997，15（4）：363-369.

[119] 程启月. 评测指标权重确定的结构熵权法 [J]. 系统工程理论与实践，2010，30（7）：1225-1228.

[120] Philip J B. Integrated project delivery for industrial projects [D]. Iowa：Iowa State University，2018.

[121] Ashcraft H W，Hanson B，Llp. Negotiating an Integrated Project Delivery Agreement [J]. The Construction Lawyer，2011. 31（3）：17，34，49-50.

[122] Franz，B，Leicht R，Molenaar K，et al. Impact of team integration and group cohesion on project delivery performance [J]. Journal of Construction Engineering and Management，2016，143（1），04016088.

[123] Howell G. Book Review：Build Lean Transforming construction using Lean Thinking by Adrian Terry & Stuart Smith [J]. Lean Construction Journal，2011：3-8.

[124] Australian Department of Treasury and Finance（ADTF）. Project Alliancing Practitioners' Guide. 2006.

[125] The Associated General Contractors of America（AGC）. Integrated Project Delivery. 2009.

[126] AIA，AIA California Council. Integrated Project Delivery：Case Studies [R]. McGraw Hill Construction，2010.

[127] NASFA，COAA，APPA，AGC，and AIA. Integrated Project Delivery for Public and Private Owners. Lexington，KY. 2010.

[128] CMAA. Managing integrated project delivery. White paper of the Construction Management Association of America [R]. McLean，VA. 2010.

[129] Anderson R. An introduction to the IPD workflow for vector works BIM users [J]. Nemetschek，Vector works，2010.

[130] The American Institute of Architects（AIA），California Council [R]. Integrated project delivery：an updated working definition. Sacramento，CA. 2014.

[131] Autodesk White Paper. Improving Building Industry Results through Integrated Project Delivery and Building Information Modeling Report on integrated Practice，Autodesk website，Oct. 28，2009.

[132] Halman J. I. M，Braks B. F. M. Project alliancing in the offshore industry [J]. International Journal of Project Management，1999，17（2）：71-76.

[133] Alitz J. D Noble，Integrated Project Delivery v. Traditional Project Delivery Methods：Pros and

Cons for Design Professionals ［M］. 2009，Beazley.

［134］ 中国建筑业协会.2020 年中国建筑业发展统计分析，2021-9-8.

［135］ Love P E D，A Irrani，D J Edwards. A Rework Reduction Model for Construction Projects ［J］. IEEE Transactions on engineering Management，2004.51（4）.

［136］ Jene S，Zelewski S. Practical application of cooperative solution concepts for distribution problems：an analysis of selected game theoretic solution concepts from an economic point of view ［J］. Int J Math Game Theory Algebra. 2014，23（1）：19.

［137］ Ballard G. The last planner system of production control ［D］. Birmingham：The University of Birmingham，2000.

［138］ Ashcraft H W. The IPD framework ［S］. Hanson Bridgett，San Francisco，CA，2012.

［139］ AGC. Consensus Docs 300，Standard Form of Tri-Party Agreement for Collaborative Project Delivery ［S］. 2007.

［140］ AIA. C195-2008 Standard Form Single Purpose Entity Agreement for Integrated Project Delivery. AIA Documents：C Series. ［S］. 2008.

［141］ 周满钰. 基于 IPD 模式的 SPE 利益分配研究 ［D］. 重庆：重庆大学，2015.

［142］ Kermanshachi. US multi-party standard partnering contract for integrated project delivery ［J］. Journal of Masters Abstracts International. 2010，48（6）：174-185.

［143］ 张玉周. 分配管理学 ［M］. 北京：中国人民大学出版社，2004.

［144］ 于琳. IPD 模式建设项目风险分担与收益分配研究 ［D］. 沈阳：沈阳建筑大学，2016.

［145］ Pardis P B，Divyansh S. Assessment of Integrated Project Delivery (IPD) Risk and Reward Sharing Strategies from the Standpoint of Collaboration：A Game Theory Approach ［C］ //In Proc.，Construction Research Congress 2018：Construction Project Management，New Orleans，Louisiana，VA：ASCE，2018，196-206.

［146］ Osipova E. Establishing cooperative relationships and joint risk management in Construction Projects：Agency Theory Perspective ［J］. Journal of Management in Engineering，2015，31（6）.

［147］ Elghaish F，Abrishami S，Hosseini M R，et al. Integrated project delivery with BIM：An automated EVM-based approach ［J］. Automation in Construction，2019，106.102907：1-16.

［148］ 李旻，李骁，滕越，李惠平. 基于合作博弈理论的 IPD 项目利润分配研究 ［J］. 生产力研究，2016（1）：8-13，39.

［149］ 冯·诺依曼，摩根斯顿. 博弈论与经济行为 ［M］. 王文玉，王宇，译. 北京：三联出版社. 2004（12）.

［150］ Li L，Wang X，Lin Y，et al. Cooperative game-based profit allocation for joint distribution alliance under online shopping environment：A case in Southwest China ［J］. Asia Pacific Journal of Marketing and Logistics，2019，31（3）：302-326.

［151］ Khalfan M M A，McDermott P. Innovating for supply chain integration within construction ［J］. Construction Innovation，2006（6）：143-157.

［152］ El Asmar M，Hanna A S，Loh W Y. Quantifying Performance for the Integrated Project Delivery System as Compared to Established Delivery Systems ［J］. Journal of Construction Engineering and Management，2013，139（11），04013012.

［153］ Long Y，Peng J，Iwamura K. Uncertain equilibrium analysis on profits distribution between partner firms in competitive strategic alliances ［J］. Soft Comput，2009，13（2）：203-208.

［154］ Tamburro N，Duffield C. Wood P. In Pursuit of Additional Value：A Benchmarking Study into Alliancing in the Australian Public Sector ［C］ // Alliance 2009 National Convention，Melbourne，

2009，Australia.

[155] Lichtig W A. Integrated agreement for lean project delivery [J]. Constr Law，2006，26：25.

[156] Shapley L S. A value for n-persons games [J]. Annals of Mathematics Studies，1953，28：307-318.

[157] Aumann R J，Integrals of set-valued functions [J]. J. Math. Anal，1965. 12：1-12.

[158] Guo S，Wang J. Profit distribution in IPD projects based on weight fuzzy cooperative games [J]. Journal of Civil Engineering and Management. 2022，28（1）：1-13.

[159] 迪克西特，斯克丝. 策略博弈：Games of strategy [M]. 蒲勇健，译. 北京：中国人民大学出版社，2009.

[160] Rubinstein A. Economics and Language [M]. Cambridge：Cambridge University Press，2000.

[161] Coombs W T，Holladay S J. Communication and Attributions in a Crisis：An Experimental Study in Crisis Communication [J]. Journal of Public Relations Research，1996，8：279-295.

[162] Coase R. H. The nature of the firm [J]. Economica，1937，4：386-405.

[163] 薛伟贤，张娟. 高技术企业技术联盟互惠共生的合作伙伴选择研究 [J]. 研究与发展管理，2010，22（1）：82-89，113.

[164] Das T K，Teng B-S. Instabilities of Strategic Alliances：An Internal Tensions Perspective [J]. Organization Science，2000，11（1）：77-101.

[165] 佘健俊，李梅，陈礼靖. IPD 模式下工程项目组织沟通管理研究 [J]. 煤炭工程，2015，47（2）：142-145.

[166] Xu D，Liu Q，Jiang X. The principal-agent model in venture investment based on fairness preference [J]. AIMS Mathematics，2021，6（3）：2171-2195.

[167] Smith M E，Zsidisin G A，Adams L L. An agency theory perspective on student performance evaluation [J]. Decision Sciences Journal of Innovative Education，2005，3（1）：29-46.

[168] Milgrom P. What the Seller Won't tell you：persuasion and disclosure in markets [J]. Journal of Economic Perspectives，2008，22（2）：115-131.

[169] Shrestha A，Tamoaitien J，Martek I，et al. A principal-agent theory perspective on PPP risk allocation [J]. Sustainability，2019，11：1-15.

[170] 斯蒂芬·沃依格特. 制度经济学 [M]. 北京：中国社会科学出版社，2016.

[171] Von Neumann J. Morgenstern O. Theory of games and economic behavior [M]. Princeton University Press，Princeton，1944.

[172] Holmstrom B，Milgrom P. Aggregation and Linearity in the Provision of Intertemporal Incentives [J]. Econometrica，1987，55.

[173] Alchain A A，Demsetz Harold. Production，Information Cost and Economic Organization [J]. American Economic Review，1972，62（5）：777-795.

[174] Itoh H. Incentives to help in multi-agent situations [J]. Econometrical，1991，59（3）：611-612.

[175] Cui Y，Qu S. After Crisis the Incentive Contracts of Commercial Banks in China：A Study Based on Holmstrom-Milgrom Model [C] //International Conference on Management Science and Engineering. 2011.

[176] Xue X，Wang W. The Influence Relationship among Extrinsic Incentive，Intrinsic Motivation and Employee Innovation Performance based on Holmstrom and Milgrom model [C] //Management Science Informatization and Economic Innovation Development Conference. 2020：136-141.

[177] 弗兰克·H·奈特. 风险、不确定性与利润 [M]. 安佳，译. 北京：商务印书馆，2007.

[178] 侯嫚嫚. PPP 交通基础设施项目运营期主要风险分析与分配 [J]. 施工技术，2017，46（24）：

103-108.

[179] 刘科，李晓娟．基于物元分析法的建筑施工项目管理绩效评价［J］．安徽建筑，2019，26（3）：186-188.

[180] 于静涛，赵菲，张会丽．基于 TOPSIS 法、密切值法和 RSR 法的北京某医院综合质量评价［J］．中国卫生统计，2021，38（4）：485-487.

[181] 方国华，黄显峰．多目标决策理论、方法及其应用［M］．北京：科学出版社，2011.

[182] 陈亮．基于物元分析法的施工项目管理绩效评价模型构建与应用研究［J］．居业，2021（6）：121-122.

[183] 闫佳丽．基于 D-Number 和 LINMAP 的应急物资供应商评价方法研究［D］．北京：北京理工大学，2015.

[184] Wang Y, Liang Y, Sun H. A regret theory-based decision-making method for urban rail transit in emergency response of rainstorm disaster［J］．Journal of Advanced Transportation，2020，Article Number：3235429：1-12.

[185] 孙瑞，姚凯文，张丹．基于粗糙数 BWM-ELECTRE 方法的水库移民安置区优选［J］．水力发电，2020（4）：16-20.

[186] 张建洁．多属性决策方法在农村医疗服务质量评价中的应用研究［J］．延安大学学报：社会科学版，2020（1）：80-86.

[187] 柯贤波，程林，章海静，等．一种基于惩罚变权与 PROMETHEE 结合的黑启动方案评估方法［P］．2020，CN111582747A.

[188] 王爽，杨威．基于 PROMETHEE-AQM 模型的区间直觉模糊多属性群决策方法［J］．数学的实践与认识，2020，50（20）：126-136.

[189] 代思龙，伊紫函．改进的 PCA-LINMAP 法在水利现代化后评价中的应用研究［J］．水利规划与设计，2018（9）：107-111.

[190] 赵燕娜，张群，孙育强，马玉兰．PCA-LINMAP 模型在指标赋权中的应用研究［J］．科技管理研究，2007（7）：84-85.

[191] 钱章风．基于多属性决策方法的应急预案评估研究［D］．南京：南京理工大学，2014.

[192] Brans J. P. et al. A Preference Ranking Organization Method (The PROMETHEE Method for Multiple Criteria Decision-Making)［J］．Management Science. 1984. 31（6）：647-656.

[193] 夏小刚，黄庆享，杨云锋．PCA-LINMAP 耦合模型在确定地表变形影响因素权重中的应用［J］．煤矿安全，2008，410（12）：54-56.

[194] Bernhard R，Katzy，Marcel Dissel. A tool set for Building the Virtual Enterprise［J］．Journal of Intelligent Manufacturing，2001，（12）：121-131.

[195] 刘憬．基于改进多目标细菌觅食算法的集成供应链问题优化求解［D］．深圳：深圳大学，2017.

[196] 刘佳，王书伟．作业时间依赖顺序的拆卸线平衡多目标优化［J］．中国管理科学，2021，29（4）：158-168.

[197] 何灏川，宋松柏，王小军，等．基于改进灰狼算法的庆阳市水资源优化配置［J］．西北农林科技大学学报（自然科学版），2020，48（12）：136-146.

[198] 孙静，舒敬荣，方新明，等．基于改进鸡群优化算法的 0-1 背包问题研究［J］．宝鸡文理学院学报（自然科学版），2020，40（4）：20-24.

[199] 李克文，马祥博，候文艳．带有自适应合并策略和导向算子的增强型烟花算法［J］．计算机应用，2021，41（1）：81-86.

[200] 何杜博，黄栋，石文成．基于群组 DEMATEL 与灰关联投影的供应商质量绩效评价［J］．系统工程与电子技术，2021，43（4）：980-990.

[201] 徐泽水．不确定多属性决策方法及应用［M］．北京：清华大学出版社，2004.

[202] Nash J F. Two-Person Cooperative Games［J］. Econometrica，1953，21（1）：128-140.

[203] Aubin J P. Mathematical Methods of Game and Economic Theory［M］. Amsterdam：North Holland，1982.

[204] 李登峰．模糊多目标多人决策与对策［M］．北京：国防工业出版社，2002.

[205] 王少龙，叶仲泉．支付函数为模糊数的多目标多人合作对策的纳什谈判解［J］．模糊系统与数学，2009，23（4）：115-119.

[206] 李杨．基于扎根理论的城市居民绿色出行影响因素分析［J］．社会科学战线，2017（6）：265-268.

[207] 曹大庆，等．舒尔茨经济理论对建筑行业人力资源管理的启示［J］．南京理工大学学报（社会科学版），2017，5（166）：70-72.

[208] 戴建华，薛恒新．基于Shapley值法的动态联盟伙伴企业利益分配策略［J］．中国管理科学，2004（4）：34-37.

[209] 马士华，王鹏．基于Shapley值法的供应链合作伙伴间收益分配机制［J］．工业工程与管理，2006（4）：43-45，49.

[210] 张捍东，严钟，王健．对企业动态联盟利益分配问题的思考［J］．中国管理科学，2008（z1）：665-668.

[211] 高宏伟，张梅青．区域经济与产业发展关系实证研究中的一个问题——以物流业为例［J］．北京交通大学学报（社会科学版），2013，12（2）：1-6.

[212] 董彪，王玉冬．基于Nash模型的产学研合作利益分配方法研究［J］．科技与管理，2006，8（1）：30-32.

[213] 黄波，陈晖，黄伟．引导基金模式下协同创新利益分配机制研究［J］．中国管理科学，2015，23（3）：66-75.

[214] 孙世民，张吉国，王继永．基于Shapley值法和理想点原理的优质猪肉供应链合作伙伴利益分配研究［J］．运筹与管理，2008（6）：91-95.

[215] 罗利，鲁若愚．Shapley值在产学研合作利益分配博弈分析中的应用［J］．软科学，2001，15（2）：17-19，73.

[216] 魏修建．供应链利益分配研究——资源与贡献率的分配思路与框架［J］．南开管理评论，2005，8（2）：78-83.

[217] 生延超．基于改进的Shapley值法的技术联盟企业收益分配［J］．大连理工大学学报（社会科学版），2009，30（2）：34-39.

[218] 叶晓甦，吴书霞，单雪芹．我国PPP项目合作中的利益关系及分配方式研究［J］．科学进步与对策，2010，27（19）：36-38.

[219] 胡丽，张卫国，叶晓甦．基于SHAPELY修正的PPP项目利益分配模型研究［J］．管理工程学报，2011，025（2）：149-154.

[220] 刁丽琳，张蓓，马亚男．基于SFA模型的科技环境对区域技术效率的影响研究［J］．科研管理，2011，32（4）：143-151.

[221] 邢乐斌，王旭，徐洪斌．产业技术创新战略联盟利益分配风险补偿研究［J］．统计与决策，2010，0（14）：63-64.

[222] 杨冉冉，龙如银．基于扎根理论的城市居民绿色出行行为影响因素理论模型探讨［J］．武汉大学学报（哲学社会科学版），2014，67（5）：13-19.

[223] 李程．深部地质地球化学三维定量矿产预测方法研究［D］．成都：成都理工大学，2021.

[224] 陈龙，邹凯，蔡英凤，等．基于NMPC的智能汽车纵横向综合轨迹跟踪控制［J］．汽车工程，

2021，43（2）：153-161.

［225］ 舒欢，郑胜强.基于绝对贡献率的投标联合体经济收益分配研究［J］.项目管理技术，2012，0（9）：68-73.

［226］ Giovanni B D，Giulio F，Nadia D P. Understanding Alliance Configuration Using Fuzzy Set Analysis［C］//. Academy of Management Annual Meeting Proceedings，2017，0（1）：16134.

［227］ Choquet G. Theory of Capacities［J］. Ann. Inst. Fourier 5，1954，131-295.

［228］ Murofushi T，Sugeno M. An interpretation of fuzzy measures and the choquet integral as an integral with respect to a fuzzy measure［J］. Fuzzy Sets & Systems，1989，29（2），201-227.

［229］ Tsurumi M，Tanino T，Inuiguchi M. A Shapley function on a class of cooperative fuzzy games［J］. European Journal of Operational Research，2001，129（3），596-618.

［230］ Sugeno M. Theory of fuzzy integral and its applications［D］. Tokyo Institute of Technology，1974.

［231］ Guo S，Wang J，Wu Han. Profit distribution of IPD projects using fuzzy alliance［J］. Engineering，Construction and Architectural Management. 2021，28（8）. 2068-2089.

［232］ Holmström B. Moral hazard in teams［J］. Bell Journal of Economics，1982，13：324-340.

［233］ 张维迎.博弈论与信息经济学［M］.上海：上海人民出版社，2013，7.

［234］ 叶飞，孙东川.面向全生命周期的虚拟企业组建与运作［M］.北京：机械工业出版社，2005.

［235］ Rees R. The Theory of Principal and Agent：Part 1-2（Ray）［J］. Blackwell Publishing Ltd，1985，37（1）：3-26.

［236］ Arrow K. Essay Sith theory of risk bearing［M］. Chicago：Markham Publishing Ltd，1970：79.

［237］ Kerur S，Marshall W. Identifying and managing risk in international construction projects［J］. International Review of Law，2012，（8）：1-14.

［238］ Xu Y G，Lv P. Research on the Risk Assessment of IPD Mode Based on the Fuzzy Comprehensive Evaluation［J］. Applied Mechanics and Materials，2014，457-458，1181-1184.

［239］ 张思录.综合项目交付模式的激励池分配决策［D］.天津：天津大学，2017.

［240］ 罗亚楠.IPD模式下大型工程项目风险动态分担研究［D］.青岛：青岛理工大学，2019.

［241］ 许玲.基于IPD模式项目风险管理研究［D］.沈阳：沈阳建筑大学，2019.

［242］ Su G，Hastak M，Deng X，et al. Risk Sharing Strategies for IPD Projects：Interactional Analysis of Participants' Decision-Making［J］. Journal of Management in Engineering，2021，37（1）：04020101.

［243］ Li B，Akintoye A，Edwards P J，et al. The allocation of risk in PPP/PFI construction projects in the UK［J］. International Journal of Project Management，2005，23（1）：25-35.

［244］ 廖秦明，李晓东.Partnering项目融资风险分担研究［J］.工程管理学报，2010，24（3）：299-303.

［245］ 杨秋波，侯晓文.PPP模式风险分担框架的改进研究［J］.项目管理技术，2008，6（8）：13-17.

［246］ 邓小鹏，李启明，汪文雄，等.PPP模式风险分担原则综述及运用［J］.建筑经济，2003（9）：32-35.

［247］ 杨宇，穆尉鹏.PPP项目融资风险分担模型研究［J］.建筑经济，2008（2）：64-66.

［248］ 张水波，何伯森.工程项目合同双方风险分担问题的探讨［J］.天津大学学报（社会科学版），2003，5（3）：257-261.

［249］ 周运先.工程项目招投标阶段合同风险合理分担研究［D］.西安：长安大学，2013.

［250］ 刘新平.试论PPP项目的分配原则与框架［J］.建筑经济，2006，（280）：59-63.

[251] 秦旋，万欣. 我国绿色建筑项目的风险分担与管理研究 [J]. 施工技术，2012，41（21）：19-25.

[252] 章昆昌. 基于博弈论的 PPP 项目风险分担方法研究 [D]. 长沙：湖南大学，2011.

[253] 田莹. PPP 模式下准经营性基础设施项目的风险分担研究 [D]. 重庆：重庆大学，2014.

[254] 叶秀东，郑边江. 基于多目标规划的高速铁路建设项目投资风险分担研究 [J]. 项目管理技术，2012，10（8）：26-31.

[255] 陶冶，刘世雄. BT 工程项目风险分析和分配研究 [J]. 工程管理学报，2014（2）：81-86.

[256] Elbing C，Devapriya K A. Structured risk management process to achieve value for money in public-private-partnerships [J]. Journal of Financial Management of Property and Construction，2004，9（3）：121-127.

[257] Khazaeni G，Khanzadi M，Afshar A. Optimum risk allocation model for construction contracts：fuzzy TOPSIS approach [J]. Can. J. Civ. Eng，2012（39）：789-800.

[258] Loosemore M，Raftery J，Reilly C，et al. Risk management in projects [M]. London：Routledge，2006.

[259] Francesco S. Moral hazard，renegotiation，and forgetfulness [J]. Games and Economic Behavior，2003（44）：98-113.

[260] Nadel N A. Allocation of risks：A contractor's view [J]. American Society of Civil Engineers，1979（1）：38-53.

[261] Zimina D，Ballard G，Pasquire C. Target value design：using collaboration and a lean approach to reduce construction cost [J]. Construction Management and Economics，2012，30（5）：383-398.

[262] Lichtig W A. The Integrated Agreement for Lean Project Delivery [M]. 2010.

[263] 肖枝洪，王一超. 关于"评测指标权重确定的结构熵权法"的注记 [J]. 运筹与管理，2020，29（6）：5.

[264] 王少龙，叶仲泉. 支付函数为模糊数的多目标多人合作对策的纳什谈判解 [J]. 模糊系统与数学，2009，23（4）：115-119.

[265] 梁招娣，陈小平，孙延明. 基于多维度 Nash 协商模型的校企合作创新联盟利益分配方法 [J]. 科技管理研究，2015，35（15）：203-207.

[266] Svejnar J. On the theory of a participatory firm [J]. Journal of Economic Theory，1982，27（2）：313-330.

[267] 姜涛，薛红燕，张光. 基于合作博弈的环境规制谈判模型研究 [J]. 中外企业家，2011（6）：17-18.

[268] 王晓旭，吕文学. 谈判力研究现状与前景 [J]. 国际经济合作，2011（9）：43-46.

[269] 应天元. 系统综合评价的赋权新方法——PC-LINMAP 耦合模型 [J]. 系统工程理论与实践，1997（2）：9-14.

[270] AIA，AIA California Council. IPD case studies [R]. AIA，AIA Minnesota，School of Architecture University of Minnesota，2012.

[271] Darrington J，Lichtig W. Rethinking the "G" in GMP：Why Estimated Maximum Price Contracts Make Sense on Collaborative Projects [J]. The Construction Lawyer，2010，30（2）：29.

[272] McGraw-Hill. Engineering News Record [J]. New York，2014（1）.

[273] UK Office of Government Commerce（UKOGC）. Achieving excellence in construction Procurement Guide 05：The integrated project team：Team working and partnering. 2007. [OL]. www. ogc. gov. uk. 2021-6-22.

［274］ Guo S，Wang J. Profit Distribution of the IPD Project on Triangular Fuzzy Number Payoff Cooperative Game ［C］// International Conference on Construction and Real Estate Management，2021：93-102.

［275］ 陈一鸣，高阳. 虚拟企业的协作企业败德行为控制机制研究 ［J］. 企业经济，2004，（1）：57-58.

［276］ 庞庆华，蒋晖，候岳铭，等. 需求受努力因素影响的供应链收益共享契约模型 ［J］. 系统管理学报，2013，22（3）：371-378.

［277］ Bodnar T，Okhrin Y. Boundaries of the risk aversion coefficient：should we invest in the global minimum variance portfolio? . ［J］. Applied Mathematics & Computation，2013，219（10），5440-5448.

［278］ Aarbu K O，Schroyen F. Mapping risk aversion in Norway using hypothetical income gambles ［J］. SSRN Electronic Journal，2009.

［279］ Paravisini D，Rappoport V，Ravina E. Risk Aversion and Wealth：Evidence from Person-to-Person Lending Portfolios. ［C］//Meeting Papers. Society for Economic Dynamics，2010.

［280］ Tversky A，Kahneman D. Advances in prospect theory：Cumulative representation of uncertainty ［J］. Journal of Risk and Uncertainty，1992，5（4），297-323.

［281］ Onur K. Outsourcing vs. in-house production：a comparison of supply chain contracts with effort dependent demand ［J］. Omega，2011，39（2），168-178.

［282］ Davis D. Modelled on Software Engineering：Flexible Parametric Models in the Practice of Architecture ［D］. Melbourne：RMIT University，2013.

［283］ Guo S.，Wang J. The Barriers and Implementation of IPD Mode in China's Construction Industry ［C］// 4th International Symposium on Project Management (ISPM 2016) .

致　谢

这些年，我一边工作、一边学习、一边思考、一边处理家庭琐事。很多事情都堆积在案头，但我一直还在致力于一点点往前走。

遥想博士生二年级时，定下 IPD 作为我的博士论文选题的一个关键词。由于当时可收集的关于 IPD 国内外文献实在太少，况且在国内根本没有一个已经实施的项目，让我有了中断这个选题的念头，并在其他选题中徘徊了许久，博士论文的起步工作也因此停滞了好久好久。幸好导师王军武教授，一直在鼓励我不要放弃，我也因此坚持到了现在。

在本书撰写过程中，每一章都是对我的知识储备、创新能力和科学研究能力的考验，每一章都有一堆问题亟需解决。当我终于像蜗牛一样完成了本书，重新梳理研究思路，审视逻辑与观点表达方法和形式，也许我在书中所阐述的观点、引用的数据与文献支撑力度不够，但在这一领域的深入研究让我自己收获颇丰。一方面，我学会了一些科研人常用的工具；另一方面，我对本书研究方向的中英文文献进行了大量的阅读和深入的研究。回头看，近 5G 的文献，量之大也是颇有成就感。

首先，我要感谢导师王军武教授，他严谨的治学作风对我产生了深远的影响和教导作用。

然后，要感谢王乾坤教授、陈伟教授、唐祥忠副教授、李红兵副教授、刘捷副教授和乔婉凤副教授对本书提出的宝贵意见。

感谢我的父亲、母亲，谢谢你们的理解、支持，谢谢你们帮我分担了大量的家务，让我有时间来思考、学习、写作与工作。感谢我的丈夫和孩子，谢谢你们包容了我在写作遇到问题时所产生的坏情绪。

感谢同窗、同门师弟师妹对我的支持与帮助，谢谢你们！

回首往事，点点滴滴，历历在目，感触良多……

俱往矣，路漫漫其修远兮，吾将上下而求索。步履铿锵，来日方长。踔厉奋发，笃行不息。科研之路很漫长……

呙淑文

2023 年 1 月